◆◆◆ 親愛的馬克瑪麗② ◆◆◆

Re:
上班難、做人更難，
我該怎麼辦？

繪者
◆
吳瑪麗

作者
◆
歐馬克

suncolor
三采文化

迷途知返

這不是一本市面上能看到的職場書。

這是一本集結了迷茫社畜吐出的苦水與抱怨選集，以及循循善誘的屁孩菩薩開釋。

你可以把屁孩菩薩看作是生命工程師，以過來人的經歷告訴你，如果用這樣的態度過活，你可能會得到那樣的結果。如果你不想得到那樣的結果，那你可能要修正這樣過活的態度。

你也能把屁孩菩薩看作引水人，引的是迷途眾生的苦水，協助來信者的人生小船入港。當海況風浪大，小船內部的苦水又多，要讓船入港是一件不可能的任務。外頭的風浪我們無法控制，若引水人能引導小船把苦水排出來，並加強船體的建設，或許能增加一些小船入港的機會。

你也可以把屁孩菩薩當作屁孩，或是菩薩。至於他到底是屁孩還是菩薩，答案就在你的一念之間了。

我從 18 歲的時候進入電台當廣播節目主持人，一路上受到很多的包容，讓我到三十幾歲都還在青春期。我要感謝配音員訓練時期，葉天倫導演的一堂課，讓我不至於淪落為有志難伸的永恆少年。這些教誨至今仍然受用：充滿感恩地面對你的工作、你的客戶，這份工作到你手裡，已經有前期無數人爆肝累積的心血和金錢，放下你的自以為，以服務客戶為優先，否則你很快就會被業界淘汰。

　　心存正念，旁邊的人會幫助你。但是當你心中有很多的不自信、自卑、不確定、猜疑，你會覺得旁邊的人都要害你。

　　只要是需要與人合作的項目，你的想法裡有越多的「我」，你就會活得越不快樂。

　　還好閱讀是一件私密、不用與人合作的事。希望你在這本書中，獲得快樂。🙏

作者序 迷途知返

Chapter1

 到底怎樣才能找到一份好工作？

主訴

Chapter2

 鳥事永遠說不完(•‿•)凸

主訴

Chapter3

 就是忍不住比較

CONTENTS

Chapter4

 追求快樂的自己

CONTENTS

迷

Chapter1

**到底怎樣才能找到
一份好工作？**

不擅社交還要招生好痛苦

 海妹

　　哈囉，馬克瑪麗，我是一個有社交障礙的女森（所以我才會讀美術班、大學讀美術系，想說學藝術不需要面對人群、只要面對自己的作品就好）。但是長大以後才知道，我的藝術才能不足以當創作者養活自己，很多同學都進入教育界當老師了，這也成為我畢業後投履歷的方向。

　　經過一連串跌跌撞撞的摸索，我終於找到一份工作──一間有點規模，兼做課後安親的才藝教室。雖然我是應徵「美術老師」，但老闆說我沒經驗，所以先採用時薪做櫃檯行政兼助教，表現良好再升任專職老師。

　　結果啊，答應上班之後發現，竟然還有一個月的培訓課程，也沒支薪，我必須先跟爸媽要零用錢過日子！培訓課程也不是全都關於美術教學，我需要學如何跟家長應對，如何招攬學生，還要去學校發傳單、去周邊的安親班

「探查敵情」，探查方式是老闆跟親戚借小孩，要我假裝是阿姨帶小孩去諮詢課程，把「對方的閃光點」帶回來，他就可以「學習」。

　　老闆很愛對我們這些社會新鮮人說大道理：做完行政再去當老師，這樣訓練才完整，才能提升全方位能力。被老闆說服的我也這樣相信著，不管工作多龐雜、跟美術專業有無關係，我通通都照單全收。

　　九月開學後，日子變得很辛苦，因為我高敏感又有社交恐懼症，很討厭打擾別人、討厭被別人打擾，也討厭目的性很強的社交活動。但是，跟同齡人都不會裝熟聊天的我，現在卻坐櫃檯，要負責留住舊生、招攬新生，必須跟年齡大我一截的家長裝熟，要假裝對小孩的芝麻大小事都很有興趣，務必要讓家長感受到我很關心他們的小孩，臉上還要掛著笑容，表現出開朗活潑的樣子，因為家長都喜歡正能量滿滿的學習場所，誰會想把孩子送到櫃檯小姐不愛聊天、臉臭又搞自閉的教室裡上課呢？

老天好像開了我一個大玩笑，我現在比較像戲劇系畢業的，每天上班前都要粉墨登場，假笑演戲。所以，即使疫情早就解封了，我下班後的外出還是習慣戴口罩，因為很怕在路上被認識的小朋友看見沒有笑容、如行屍走肉的自己。但，這才是真實的我呀。

　　而且，我也看不慣老闆抄襲其他安親班熱門課程的行為。雖然他說這在業界很常見，大家都是跟隨家長的喜好抄來抄去，但既然決定要開課，就要找好師資，才對得起繳了很多學費的家長呀，不該動不動找我們這些工讀生來代課（老闆認為是不是專業不重要，只要讓家長感覺孩子有多元學習就好了）。

　　媽媽說我管太多了，拿多少錢辦多少事，沒必要替老闆想這麼多……也是，爸媽看我畢業好幾個月了還在當工讀生，常碎碎念要我換工作。唉，這就是我煩惱的地方，繼續待下去有機會升任專職老師，若現在就辭職，以前的辛苦不就白費了嗎？馬克瑪麗，你們覺得我該怎麼辦呢？

馬克教主神開釋

對自己的了解更深入，
就能做出更合適的決定

　　常常聽到這樣的故事：發現另一半劈腿了，上網討拍問人怎麼辦，大家都說分手，可是他回：

　　「我離不開！」

　　「都在一起 N 年了，怎麼有辦法說放就放？」

　　「可是……我們以前那麼好，我還是常常想起他對我的好。」

　　「他只是一時鬼迷心竅，我相信他會做出正確決定。」

　　就像我也相信你會做出正確決定，但通常我會失望。

　　我的私訊裡躺滿了各種求助的感情問題，厲害的是隔

了半年一年還會收到後續發展。可是仔細一看就會發現，當時卡住的，現在還是卡在一樣的地方。**旁人的理性建議是一回事，當事人情感上做不到放不下才是真正的問題。**

　　人只要一旦開啟了一段關係，就比較不會去想「不適合」這件事了。因為適不適合應該是在關係建立前考量的。心智會認為一旦接納了這段關係，代表當事人已經想好了，如果接下來有不舒服的地方，就是彼此要「磨合」。很多人認為不合的地方只要互相磨一磨就會合了，但問題是，**從一開始就沒有想好的事情，後面做再多的努力，都只是補救而已。**堆積木的時候，如果下面的基礎不穩，不管事後再怎麼小心翼翼地往上疊，它很快就會倒。或者像醜小鴨的故事，小天鵝在一群小鴨中感到格格不入，是因為從一開始牠就不屬於那個團體，再怎麼磨合都不可能讓牠變得適合。

　　在進入一段關係前，你有好好地想想嗎？你有認真思考、審慎評估嗎？

　　我們很容易因為病急亂投醫：想快點找到工作、快點

有學校念、快點有個對象，於是看到一個離自己最近的坑就跳了進去。進入這個坑解決了我們暫時的焦慮，讓我們有了歸屬。可是你有沒有想過，打從一開始，這個坑就不適合我們呀！

不適合的東西，時間久了，問題自然會浮現。一開始還能自我催眠說「世界上本來就沒有一生下來就完美適配的，本來就需要時間彼此調整磨合」，到後來變成你跟這個坑時時刻刻都在磨，從來沒有合的時候。

心智不會去考量適不適合，是因為我們不喜歡當出錯的一方。要讓人認錯不容易。由於考量適不適合這件事應該是在關係建立前考慮的，所以如果在進入關係後才在想，就代表我錯了。心智不喜歡被指責，不喜歡覺得自己是錯的，不喜歡認錯，也不喜歡改變。所以，**遇到關係上的問題，大部分人的直覺做法是試圖留在關係中，而不是去反省自己當初是否做了錯誤的決定。**

當然也有些人常常在想適不適合的問題，這種人有的是屬於不想努力的類型。發現苗頭不對後，他們連修補

都不想修補——他們解決問題的方式，就是換一個坑。
「嗯，這個讓我不開心，那就是不適合吧，既然不適合，
那就換吧。」

　　所以我們可以看到有些定不下來的人，總在一個又一
個的工作中轉換，或是跟一個又一個不同的對象交往。他
們可以很輕易地開啟一段關係，並且很輕易地捨棄。

　　我們可以得到一個面對問題的兩極。同樣是遇到了問
題，有兩種截然不同的面對方式：一邊是遇到問題後打死
不退，抓著「我已經付出了那麼多，現在要我放棄我不甘
心。我不能輸，我不會輸」的想法，咬著牙硬撐下去。另
一個極端則是一有問題就切斷關係：「人生快樂最重要
啦，不合我意是對方有問題，這個世界有問題，不用留
戀，活在當下，找個新的重新來過。」

人遇到問題時的兩極反應

一個理想的狀態是，我們有足夠的反思能力，去評估當時是不是太快地進入關係，有些盲點沒有看到。我們願意認錯，同時也有理性去評估自己和現狀——是不是到了無可挽回的地步，還是還有努力的空間；我們願意認錯也願意負責，為當時自己的錯誤決定付出代價，好好地面對一段關係。

　　可是現實中，我們的心智常常是這樣的：

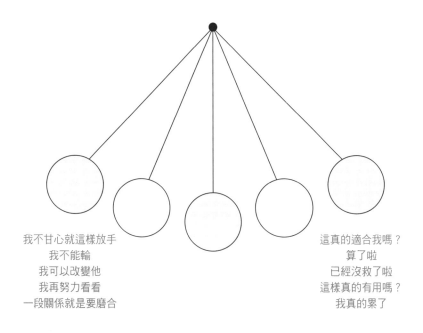

我不甘心就這樣放手
我不能輸
我可以改變他
我再努力看看
一段關係就是要磨合

這真的適合我嗎？
算了啦
已經沒救了啦
這樣真的有用嗎？
我真的累了

在這樣的兩極間迅速且劇烈地擺盪。當我們被這樣的思緒拉扯著，我們就會活得越來越累，越來越覺得被困住，並且很可能做出一錯再錯的決定。

當你的心智是偏向左邊，或擺盪到左邊的時候，我想給你的建議是放下無謂的尊嚴，認錯。**認錯可以幫助你活得更好。**

過去的事情已經發生了，It is what it is，承認錯誤並且將心智專注在當下，把其他的聲音關掉。別把心思放在懊悔上，你付出了多少，你有多不甘心，那些都是沉沒成本。理性選擇的訣竅就是不去考慮沉沒成本。你的目標應該是專注在當下，以及思考怎麼做會讓你的未來更好。

一旦你認錯，一旦你回頭去想「也許不適合」，當你意識到了彼此無法磨合的不適合，不管再怎麼不甘心，再怎麼不願意放手，都不會改變你們就是不適合的事實。從一開始就是不適合，從頭到尾都不適合；過去不適合，現在不適合，未來也不會適合。

放棄並不可惜，放棄可以讓你前進。不甘心不放手才是真的可惜，浪費你的生命。不要再想著「現在放棄那過

去那些努力不都浪費了嗎？」因為一段錯誤的關係，從一開始就不該被建立。你若要持續 hanging 下去，只會讓自己越陷越深，一錯再錯，越錯越多。

請記住：**不甘心是種有毒的想法。**

◆◆◆

若你的心智偏向右邊，或擺盪到右邊的時候，我想給你的建議是從頭仔細想想你到底要的是什麼。你是不是不夠認識自己，沒有好好想清楚自己是什麼樣子的，自己適合什麼樣子的對象。或是，你是不是對這個世界認識得不夠清楚，沒有好好想想這個世界是什麼樣子的，這個世界是怎麼運作的。

試著重新理解自己是一個什麼樣子的人，這樣的自己適合跟什麼樣的人相處，跟什麼樣的人工作、什麼樣的人談戀愛；這樣的自己適合什麼類型的工作，什麼型態的作業模式。然後朝著這樣的目標去尋找，在找到了之後，請給自己一些時間去適應，不要太快地放棄，為自己的選擇做出努力，為自己負責。

如果你認識的自己是一個有社交障礙的人，不喜歡面對人群，那你就不應該跟隨同學的腳步，去做同學們做出的選擇。**順著很多人的決定跟著走很安心，但安心不代表適合**。我們都知道要走在適合的路上才會活得快樂，但適合的路可能不是最容易走的，也不是最好找的。

　　我們的心智喜歡簡單易懂的東西，我們的直覺在未經訓練下會選擇最近、最短、最不用耗費腦力思考的路徑。所以請別只看腳下的路，別跟隨別人的腳步。適合自己的人事物，肯定是要由自己花時間去思考、挑選、測試與體驗的。這段過程不容易，而且是違反直覺的，但我們不該因為不容易就不去做吧。

　　不如這麼想，當你順著別人的決定走上那條看似好走的路，是不是也要付出心思去準備履歷，花時間去面試，然後接受等待通知的不確定。那何不把這些時間與心力拿來認識自己、認識世界，開發出一條適合自己的路呢？

　　我們活在一個多元、方便又充滿可能性的世界，想像力是我們的邊界。當你對自己與世界的了解更深入，你就

能做出更適合自己的決定。然後也許你會發現，是的，這個世界好像對某種類型的人比較友善，那樣的人在這個世界中會活得比較好。於是你有兩種選擇：改變自己，讓自己慢慢向那樣的人靠近；或者，繼續尋找或開發適合你的人事物。

　　兩個選擇都不容易，過程也都充滿不確定性與挫折。但生活本來就不容易，每個人都有自己的問題要面對，那是生命給我們的考驗。**想要跟隨別人的腳步，抄別人的答案，得到自己生命的解答，最終都會撞牆與卡住。**

　　因為你們的考卷，從一開始就不一樣。

向宇宙下訂單：給我一份好工作吧

 待業男

嗨，馬克瑪麗好——我是一個鄉下囡仔，大學畢業後先是回到老家待業，因為找不到工作，於是決定出國打工度假。結果不到半年時間，新冠疫情就爆發了，在計畫都被打亂的情況下，我只好回到台灣繼續找工作。

唉，怎麼說呢，身為長孫，又活在一個家人很會情緒勒索的傳統家庭裡，真的有夠痛苦。我也不是不努力，只是從人力銀行看到里長辦公室張貼的徵人啟事，全都沒看到喜歡的工作。家人說：「你是要挑什麼，有錢比較重要吧。」這種無形的貶低，使我不斷降低求職標準，從「一定要找喜歡的」變成「不排斥就好」，但是鄉下能有什麼好工作呢？都是一些勞力活，我好歹也是大學畢業生，就不喜歡做曬太陽、流汗渾身臭烘烘的工作呀，但家人都說是我放不下身段？

真希望我爸媽多讀點書，我們找不到工作已經夠痛苦

了，還要聽他們碎碎念，有夠煩！

　　就這樣，我到現在仍然是家裡蹲。最近終於看到不錯
的工作機會，馬上投了履歷，但等到第三天都沒有收到回
應，我知道自己又落空了，這種被否定的感覺好難受……

　　我又開始焦慮不安、自我懷疑，偏偏我爸叫我去幫他
整理農地，在大太陽下除草，汗水流到眼睛裡好刺痛，除
到後面都不知道眼睛裡是汗水還是淚水！

　　有一天，外婆對我說：「如果在外地找到喜歡的工作
也可以。」又塞了錢給我。我爸現在已經不理我了，只有
媽媽和外婆會偷偷給我錢……哼，我也不想當伸手牌呀，
也有在看外地的工作機會，不過，離家太遠就要付房租跟
生活費；如果薪水不夠高，去上班也像是做白工（大部分
薪水都給房東跟餐廳老闆了）。所以，除非是「很喜歡」
或「發展性超好」的工作，不然我也不想跑那麼遠。在家
附近找個騎車就能到的工作，就算薪水沒有很高，但只要
是喜歡的（或者該說不排斥），我就願意去做！

我也不是都負面思考，只是每天等工作的心情真的很難熬，幾個已經找到工作的朋友，都說自己是個「社畜」，要我好好享受現在不用上班的好日子，可是家裡的壓力真的讓我喘不過氣。

　　最近有同學跟我分享上身心靈課學到的「咒語」，就是跟宇宙下訂單！用一個藍瓶子裝水，放在太陽下曬成「能量水」，然後喝下去用以清除身體的負能量，還要念咒語「清理」腦中的負面想法跟情緒；再把願望寫下來，每天跟「高靈」祈禱：希望能夠找到一份錢多事少離家近又喜歡的工作，就像我朋友錄取一個助理工作，每天睡到飽，走路 5 分鐘就能上班……

　　哈哈，這些要求會不會都是我在做白日夢？謝謝你們聽待業青年的碎碎念，見證我下的宇宙訂單。如果我可以找到工作，一定會捐獻「香油錢」給你們還願。

馬克教主神開釋

在選擇少的地方，
只能被迫接受

　　生活在台灣，是不幸也幸運的。不幸的是台灣不像美國中國，在職涯上可以有大幅度薪水三級跳的機會，或是搭上獨角獸的創業旅程，讓自己在年紀輕輕時就有超越眾人想像的年薪。不過，幸運的就是我們的競爭沒有那麼激烈，你不需要跟最頂尖卓越的人才比拚才能拿到工作；能力的高低，競爭的強弱，幸運與不幸，都是相對的。

　　我有些出國留學讀書的朋友在念完碩士後，為了想留在美國工作，經歷了非常艱辛的投履歷過程。那是極度折

磨人的一段時期：要先針對你想進的公司做調查，根據職位改寫履歷，安排線上面試，有的甚至要飛過去公司總部面試。當你覺得好不容易已經進到最後幾關了，已經飛到總部了，但最後中選的仍然不是你的時候，那種辛苦都白費了的感覺，高高的期望被重重摔下的感覺，也只能用「保護本國人就業機會」的想法來安慰自己不是不行，只是沒有綠卡。

有人是先擠進幾千個人才選 7 人的實習窄門，然後實習期間就像《超級名模生死鬥》那樣，要成為同期的第一名，才有留下的機會，她現在在聯合國總部工作。也有人是投了幾百封石沉大海的履歷後，最後回到亞洲，在上海、新加坡這樣的國際大城市打拚。

去聽一些專門訪問學者或作者的專業 Podcast 節目，常常可以聽到他們求學後期找教職投履歷的經驗。就算已經是榮譽教授了，是全球暢銷作家了，但是當他們回憶起那段等待消息的日子，身為一個聽眾，還是能感受到他們心有餘悸、不想再經歷一次的聲音表情。

為了找到工作，他們會每天為自己安排一個時段，或是每週為自己安排 3 個整天，列出清單，一一分配今天要投哪幾間學校與企業的職缺；投過以後就劃掉，一週後傳訊息 follow up，然後對之前有回信或是有給面試機會的單位寫感謝信。

　　這邊說的投履歷可不是人力銀行那種一鍵送出的公版履歷喔，而是為應徵的職位量身設計與打造，符合該職務需求的履歷。很多人都是投了幾百封的履歷，最後才找到一個落腳的學校，之後再憑自己的實力跳槽或被挖角。

　　這樣的經歷是在台灣的我們很難想像的。我們總覺得自己投了十幾封履歷就很多了，我被拒絕了十幾次好像整個世界都拒絕我一樣。但是你要知道，在真正競爭的地方，幾十封幾百封，甚至舟車勞頓飛來飛去，都是必經的過程。

　　人活在安逸的環境裡，就不會有往前進的動力。台灣相對於國際的大都市，競爭力沒有那麼高；而台灣的鄉村相較於台灣的都市，競爭力就更低了。今天你活在台灣的

鄉下，工作機會本來就少，如果你還要挑東揀西，那真的是沒有什麼你所謂的「好工作」可以選擇。

在一個選擇少的地方，你只能被迫接受，或是不行動，就像你現在這樣。但如果你希望去做一個自己喜歡然後有熱情、有成就感、錢又多的工作，你勢必要離開你的舒適圈，去一個比較挑戰的環境，比較多選擇的地方，讓你可以主動地去做選擇，而不是只能被動地等待。

為什麼成功學跟勵志書一直要告訴大家跨出舒適圈？因為只有當我們離開了安逸的地方，才有成長的可能。如果你老是待在同樣的地方，習慣了周遭的環境，你就不可能去探索自己的可能性，那麼也會發現你的人生日復一日都過著一樣的日子。

過著一樣的日子不好嗎？不會的，如果你本來就生性淡泊，而且覺得這就是你要的人生，那我會為你喝采；**過著自己想要的人生是一種很高層次的成功**。但如果你有一絲的渴求，會忍不住去跟別人比較，擋不住家人朋友的眼光，那請你認識到，你不是你想像的那個人。你的內在有分裂，而這個分裂是極度天真幼稚的：我想不勞而獲。

如果可以，誰不想家財萬貫躺在家裡，想要什麼就可以得到什麼；雲遊四海，想去哪裡就去哪裡。當我們看著我們所沒有的東西，幻想著我們目前過不到的生活，我們總會喟嘆：「有錢人真好。」雖然我這麼說你一定不相信，但是有錢人有他們自己的煩惱，有錢人有他們的心理問題。

　　之前訪問一位社群上看起來活得很閃耀的明星，聽到她說她還是要為賺錢煩惱的時候，我嚇了一跳，因為她一、兩年賺到的錢可能足夠很多人活一輩子了。但是當你到了那個層級，你會看到更高的世界，有更多想要的東西，出現更多的目標想追尋。

　　對有錢人來說，她看到的是還有人比自己更有錢，她還可以怎麼做去賺更多的錢。這種煩惱，當我們沒有達到那個境界，是無法理解的。因為我們目前受到侷限的腦袋會想著：我才不會那麼笨，去當一匹追逐著吊在眼前紅蘿蔔的馬，我會滿足於自己所有的，當我達到了某個數字後，我會心滿意足地生活著。

希望我們有天都能達到那個境界，感受有錢人的煩惱與痛苦。

◆◆◆

　　社群現在都有「多年前的今天」這種功能，我每年生日都會跟好久不見的朋友聚餐。最近臉書跳出來告訴我，幾年前剛好也在同一天跟同一群朋友吃飯，我看著畫面中同樣的成員，有人去到很遠的地方，人生在三五年內發生了巨大轉變；可是有些人呢，十幾年來還是在同樣的公司工作，他的人生還是處在同樣的狀態，唯一有變化的，可能只有他的體重。

　　人性是喜歡安逸的，所以在投資上，存股、被動收入這類的概念才會獲得廣大的流傳與支持。我們都想不勞而獲，都想當個守株待兔的樵夫。〈守株待兔〉是我小時候最喜歡的故事，我每天都要講給我媽聽（對，小時候我跟媽媽之間說故事的角色常常是互換的）。

　　同學們都出社會後，我繼續無所事事遊手好閒，對於

「被動收入」、「一週工作 4 小時」這種概念非常著迷。但是只要你去買這類的書來看，就會發現，其實作者有提到一件事（有些可能會刻意淡化這部分）：如果你想要一週工作 4 小時又能賺大錢，你必須打造一個系統，而打造一個系統必須要花非常非常非常非常多的精力。

你必須先了解要怎麼找到你的利基市場，怎麼設計你的商業模式，然後把這套系統設計成沒有你也可以繼續運行的方法。其間，你需要學很多的科技與技能，要自己當公司的會計、法務、人資、行銷、業務、研發，你需要全心全意地投入，少則半年六個月，長則兩、三年燃燒生命，每天工作 14 到 16 小時，全年無休，用你所有的時間讓這個系統 Run 起來，然後希望它可以達成讓你不用工作就有錢的目標。

這件事不是不可能，但要花費的精力跟技能遠遠超過你去上班與找工作，對投個兩份履歷就要哇哇叫的你來說，你是不可能做到的。

抱歉，勵志書作家永遠不會告訴你不可能，我也覺得世界上沒有任何人有資格去告訴另外一個人說你不可能做

到，去阻礙別人的夢想。但是每次看到自己不作為，然後只想著靠許願、靠吸引力法則、靠向宇宙下訂單就要心想事成的人，我都還是忍不住想跟他們說：

醒醒吧！

人活在安逸的環境裡，就不會有往前進的動力。
如果你希望做一個自己喜歡然後有熱情、
有成就感、錢又多的工作，
請挑戰自己吧！
主動地去選擇，而不要被動地等待。

一個月就離職不是我爛，是老闆怪

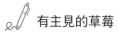 有主見的草莓

親愛的馬克瑪麗，我要來分享我找人生第一份正職工作的故事。

大學畢業後我沒有立刻投入職場，而是去日本留學一年，回來後也希望可以找一份能使用日文的工作。結果找了好幾個月才收到一間公司的面試通知，我當然非常開心地去面試了。

公司在一棟舊大樓裡，員工沒幾個，面試我的就是公司老闆夫妻，老闆問完就換老闆娘，她讓我印象最深的是無比健談（多數時候都是我聽她說），還有超級臭屁，不斷說公司跟他們夫妻「很厲害」，這讓我覺得怪怪的。耐心聽完老闆娘的一串話後，我就被錄取了。可能因為求職多月終於獲得一點肯定，我超開心的，當下就把那些怪怪的感覺拋到腦後，決定要去上班。

辦公室同事間的氣氛滿好，有個小主管是最資深的員工，中午大家會一起吃飯跟聊八卦。可是我才進去沒幾天，就常聽到大家叨念著要離職──這感覺不大妙。

　　工作上，幾個老鳥都很幫忙，感情不錯，可是老闆很愛找員工約談，問些「最近在幹嘛呀」、「幫公司做了什麼事啊」讓人有點困擾的問題。

　　後來有件很糟的鳥事；有幾個員工，老闆常常懷疑他們上班不認真。總之，老闆就以「上班偷做私事」為由，把他們 Fire 了！

　　這件事讓整個辦公室烏雲罩頂，因為大家都知道他們真正被解雇的理由──龍顏不悅，誰知道這命運哪天會不會降臨到自己身上？豈知老闆為了證明自己不是無理取鬧，洋洋灑灑列了一張員工守則要大家畫押，其中包含一條：「上班時間非關公務事項一律禁止使用手機及電腦，一經發現立刻開除，絕不寬貸，如無法遵守公司規定者請自行提出辭呈。」結果，有人──不知道是誰，把這張公

告拍照後上傳到網路論壇，公司名稱、老闆老闆娘名字全都露。想當然耳，老闆發現後，震怒！

那天，老闆夫妻森七七地召集大家開會，要我們依序發表看法，說說「檢舉自己公司」的行為對不對？我們當然只能說支持公司啦，小主管還哭了，跟老闆夫妻道歉督導不周導致公司聲譽受損。

其實老闆夫妻找大家訓話不只是為了出氣，還想查出「內鬼」。他們還個別約談……但就是這次的約談讓我覺得塊陶啊！老闆會挑撥離間說：「妳知道某某某為何可以留在這嗎？因為她很聽話，就像我養的寵物啦。」這一連串的荒謬鬧劇讓我決定立刻提出辭呈。

小主管勸我別在這時候提，說老闆夫妻會認為我心裡有鬼才想離職。連爸媽、男友也勸我：「別人惹的事，跟妳沒關係，忍耐忍耐就好了，好歹得找到新工作啊。」不過，我決定要相信自己的直覺了，不管這對夫妻會怎麼懷疑我、把我拉成黑名單；或是爸媽認為我耐受力太差，

覺得自己女兒是爛草莓。之前我的直覺已經給了我兩次警告，我都沒有行動，這次絕對要動起來。畢竟人長期處於負面環境是無法好好工作的，還是速速離職，以免影響身心健康。

在此敬告各位熱血投入職場的新鮮「草莓」們：不要怕被說是「爛草莓」就不敢離職，有時候要相信自己的直覺啊，拒絕慣老闆！

祝大家工作順利

馬克教主神開釋

你相信什麼，
就會過怎樣的人生

　　一個關於直覺的迷思是，大部分的人都覺得自己的直覺很準，第六感很靈。但是卻沒注意到這些「準」與「靈」，都是事後諸葛。發現另一半偷吃後說：「我就知道他有哪裡不對勁。」或是有天心血來潮去看他的手機，然後就這麼剛好發現對方出軌的證據。我們的心智喜歡證明自己是對的，喜歡覺得自己都知道，**明明不是全知者，卻用一種全知的態度活著。**

　　要怎麼證明自己的直覺是真的準呢？多去玩狼人殺吧，把你每一回合要票的人都用白紙黑字記錄下來，等遊

戲結束時對答案。當你把猜中的次數除以總預測數，你會發現你沒有自己想像中的那麼厲害。

你也可以試著去猜股市的漲跌，在開盤前白紙黑字寫下你覺得今天會漲還是會跌，然後收盤時對答案。如果你想增加猜測的樣本數，你也可以預測下分鐘的走勢，然後記錄下來，每分鐘都會開獎讓你對答案。要用白紙黑字記錄的原因，就是不讓你的心智含扣[1]。人的腦子很奇妙，就算出現了跟自己預期不符合的結果，也會出現「哎呀，我本來是要猜這個的」這種自己為自己的決定開脫的想法。

在未經鍛鍊的情況下，直覺並不是個可靠的判斷工具；當然有些人天生的直覺強些。但不論直覺強弱，只要有系統化的輔助，我們都可以做出更好的判斷。

◆ ◆ ◆

在進入用系統化幫助自己做決定的正題前，我想先請你回想一下當初申請大學時的情景：17、18 歲的你，是

1　含扣，台語外來語，日文「反抗」的發音。

如何做出這個重大決定的呢？

以及，你喜歡你的大學生活嗎？

　　我覺得求職跟申請入學，還有找男女朋友一樣，你越了解自己，越了解對方，你踩到雷的機會也就越低。當你因為想要快點有人陪而隨便找個伴，想要快點有工作而飢不擇食，想要快點有學校而隨便填了志願，你很有可能就會因為當初那個「想要快點」的想法，而進入一段令你失望的關係和環境。

　　然後遇到隨之而來的狗屁倒灶事情。

　　也就是說，前期準備做得好，不要被「感覺」牽著走，你就會少掉很多失敗與不開心的機會。

　　以申請入學為例，考完學測後，有些同學在春天就用學測的成績申請到學校了，於是他不參加夏天的第二次考試。不去考第二次考試的人，可能有以下四種心理狀態：

①已經考上了：因為考上理想的校系，所以沒必要再去多考一次。

我們接下來可以問問，所謂「理想的」校系是什麼？

這是一條簡化的選擇光譜，從只要有學校念就好，到一定要考上某大學的某科系：

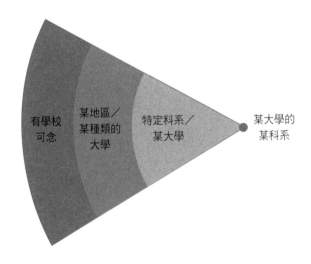

對於有清楚設定目標的人來說，他們要不要繼續念書參與考試的判斷很簡單：有到自己當初設定的校系科系，不必繼續考；沒有達到，繼續去考。

而問題來了，有些沒達到目標的人，卻選擇了不繼續準備考試；以及沒有設定目標，從一開始就不清楚自己要什麼的人，他們就沒有明確的行動指引方針。

我們可以看到很多不考第二次的人，不是因為他達到了原先理想的目標，而是因為他不想考第二次，所以心智產生了以下的聲音：**有就好了啦、還要繼續真麻煩、如果努力了最後還是得不到怎麼辦呢？**我們接下來就來看看這三種心智的聲音。

②有就好了：降低原先的標準，高分低就，高潛力低成就。

學測成績出來後，把原本的理想丟到一旁，只求有就好，於是申請保險一定會上的校系，而不是自己最想上的校系。就算自己的實力可以上更好的學校與科系，但因為想早點解脫，所以希望快點停止這場不確定的追尋。

③真麻煩：不想努力了，繼續念書真的太累了，就這樣吧，這樣就好。

人只會得到自己認為值得的。你申請上了 A 校系，雖不滿意，但你也不想再考試，那你最後就會成為 A 校系的學生。你跟一個慣性劈腿、總是貶低你的人在一起，你知道這樣不好，但若你不想進行困難的對話，不敢離開

他重新尋找新對象，也就只能繼續跟這樣的人在一起。

你最多只會得到你心中認為自己值得的東西。

④努力了還是得不到怎麼辦？

這是很多人無法跨出舒適圈，沒辦法往前的主要原因。我們在做決定時，心智會發出要我們不要去做的聲音。心智喜歡打安全牌，現狀就是最好的，最好不用做選擇，不要改變。在這樣的心智主導下，我們的人生會在不知不覺中變得被動。因為就算當選擇的機會出現，心智也都直接略過，讓你在還沒有意識到有選擇的時候，機會就過了。這樣的後果是讓有些人常常活在懊悔中，而有些人，茫然地過完一生。

努力本來就有可能不會得到你想要的東西，但如果因此不去努力，那你就太傻了。

努力不一定會成功，成功很吃運氣。關於人生，我們能控制的其實不多，努力是難得可以掌握在自己手裡的條件。與其期待不勞而獲，幸運降臨，獨得頭獎，不如腳踏實地，用心耕耘，一步一腳印享受付出的過程。

努力，是一種可支配的運氣。

回顧一下 18 歲的自己，你可以看到當初面對重大選擇的時候，自己是怎麼做選擇的。求學的時候是這樣，求職的時候也是一樣，甚至在感情關係的時候也都適用。

你是不是一個有目標的人？

你是不是一個會為了目標而努力的人？並且用盡全力，不放手直到夢想到手。

你是不是一個會放過自己的人？或是常常對自己太好；你的心智是不是總是告訴你要降低標準，得過且過，有就好了、這樣就好。

你是不是害怕失敗？害怕努力了最後徒勞無功，所以寧願從一開始就不努力；寧願笑著說「我就爛」，為了保有一絲「我不是不聰明，我只是不努力」的可笑自尊。

在面對人生任何重大決定的時候，我們都可以利用這

個系統化的方法來幫助自己做出決策：一是事前的自我準備，二是事後的自我評估。

以找工作來說，我們可以先設定一份「理想工作」清單，把對工作的想像描繪出來，並且利用追問法，對自己進行靈魂拷問：為什麼要把這件事列在清單上，這件事對我有什麼意義。然後利用這份理想工作清單，幫助自己設定目標。

例如，最多人常掛在嘴上的「錢多事少離家近」，光這三個條件，我們每一個都可以向下追問：錢多，是多少算多呢，每個月 3 萬、5 萬、年薪百萬，年終 6 個月，還是多少呢？這邊不是漫天喊價，不是只有單方面你覺得多少錢你滿意，還包括了你覺得你值多少錢，市場上願意付你多少錢的自我評估。

我自己找員工的過程中，也會請對方提出他的預期薪資。當我看到有人開價月薪 5 萬到 10 萬的時候，我忍不住困惑了一下：這個人給的範圍如此大，請一個 10 萬的他的同時，也可以請兩個 5 萬的他耶。看到這個數字給我

的感覺是，要麼他就是隨便亂填，要麼他就是對勞動市場和自己的價值認識不清。不管是哪一個，都讓他在書面的第一關就被刷掉了。

現在只要在網路上搜尋一下，馬上就可以知道什麼樣的工作可以達到你想要的月薪，請你先找一個普遍值，也就是大部分人都可以達到的平均薪資，而不是著眼於業界菁英的極端值。比如，你看到報導說有人做直銷年薪上千萬，然後你就覺得這是一個有利可圖的事業。但你需要知道的是，可能 1 千個人當中，甚至 1 萬個人當中，才會有一個這樣的人，99% 做直銷的人都會失敗，而且賺到的錢別說 3 萬了，過了一開始的獎金紅利之後，每個月可能只有幾千塊在掙扎著。

根據公平交易委員會公布的多層次傳銷事業經營發展狀況調查結果報告，2022 年台灣的傳直銷人數將近 350 萬人，而平均每人每年拿到的佣金收入是 47,611 元。這是一整年的收入唷！也就是換算成月薪的話，一個月是 3,968 元！當作兼職為自己增加點收入可能還行，如果要當成全職的話，難度比你想像中的高。

在很多用高獎金吸引新進業務員的行業中也是一樣，有千萬保險業務員、千萬房仲，但那都是業界中的鳳毛麟角。公司願意開出高價的保障月薪，就是知道這個環境非常競爭與殘酷，能留下的人不多。所以在找工作的時候請去找這個行業的普通平均薪資，或是去看它的中位數。

我知道你覺得「用平均數或中位數來看太低了吧，我一定會超過平均的啊」。你不孤單，世界上七成的人也都覺得自己超過平均，但這是一件邏輯上不可能的事——70% 的人認為自己勝過 50%。我們當然可以做更大的夢想，Dream bigger。但**更大的目標，也就相應著我們要付出更大的努力。**當你在訂定目標的時候，請記住這一點。

所以查找完業界情況後，接著是評估自己有沒有那個屁股可以坐上那個位置。接下來也對「事少、離家近」進行追問，多少算少，距離多遠算近。週休二日朝十晚六午休 2 小時從不加班，再加上上班還可以自由自在做自己的事情。你可以去打聽一下什麼樣的工作是這個樣子的，以

及要怎麼樣得到這份工作。

把「錢多事少離家近」這三件事情都細細想好之後，才是真正困難的開始；現在請你排序，請問這三件事到底哪一件對你來說比較重要呢？你在找工作的時候第一個要考量的事情是哪一個呢？當然你要考量的可能還不止這三點，還包含了成就感、挑戰性、家人的期待、升遷加薪的機會、擴展視野的可能等等，總之，把這些條件都細細追問並排序後，你就得到一份你的求職清單，它可以幫助你非常快速地篩選工作。

但如果，當你用你的清單去找工作後，發現這個世界上沒有心目中的理想工作。那這份清單幫你意識到了你的理想跟現實有一段落差，**你要麼調整你的期待，要麼自己去創造一份符合你理想中的工作**，當然後者的挑戰跟需要付出的努力與耐心是難以比擬地高。

利用清單加上追問法做好求職前的事前準備，設定好目標可以幫助你不會輕易踩雷，答應與自己期待不符的工作。再來是事後的自我評估，當你拿到了 Job offer，你可以列出一份優點缺點清單，並且對於這份工作進行評估。

如果在你的優點與好處欄位下，有很多點是：終於可以不用再找了、終於有工作了、可以不用再讓家人擔心了這類的說法，那你要注意這是心智告訴你不要再去追尋，要降低標準的聲音。它們不能算是優點，它們是心智逃避的聲音，它們只是不想努力了。

　　這套事前自我準備－事後自我評估的系統是**給相信自己有價值的人，相信自己會持續進步的人，有著開放思維、成長心態的人所使用的**。如果你是那種認為凡事隨緣啦，人喔會做什麼樣的工作，遇到什麼樣的伴侶，讀什麼樣的學校，都已經命中註定了啦；你在一出生的時候命盤就已經寫好了，做再多準備都沒用的啦……那這樣的決策系統對你來說就不適用。你的人生在未來會越來越常出現「欸好像有點卡住了的感覺」，不過也沒關係，因為那是你所相信的人生觀。

　　你相信什麼，你就會過著怎樣的人生。

找工作前的準備－評估表

現在我們一起來做選擇工作的清單吧！

首先請你列出你覺得工作中重要的事情，所有大大小小的人事物都可以，列得越多越清楚越詳盡越好，請盡量以正面表列的方式，例如：

- 錢多，每個月實領 ＿＿＿＿
- 事少，＿＿ 點上班 ＿＿ 點下班
- 不加班
- 午休 2 小時
- 公司在捷運站旁邊
- 公司離家 ＿＿＿＿ 分鐘通勤
- 同事年輕，年齡相近
- 主管個性好
- 年終 ＿＿ 月
- 辦公室明亮乾淨
- 辦公室在新大樓
- 同事穿著打扮好看

- 男女比例平均
- 沒有政治鬥爭
- 獎金大方
- 員工福利有社團補助
- 請假不會被刁難
- 有免治馬桶
- 可以學到新技能
- 可以累積作品
- 知名公司
- 大公司，員工超過 ＿＿＿＿ 人
- 尾牙可以看演唱會

現在換你了：

■ _____

■ _____

■ _____

■ _____

■ _____

■ _____

■ _____

■ _____

■ _____

■ _____

把所有能想到的夢幻工作環境條件全都列出來後，開始刪減。如果只能留下13－15項，有哪些條件可以留下。當你刪減完之後，你就可以拿著這張清單到處去廟裡拜拜，跟上帝禱告，向宇宙下訂單了。

　　每天起床睡前都好好誠心地默念這份清單三次，希望吸引力法則能向你顯化你的祈求。

親愛的宇宙啊，

請賜給我一個月薪 5 萬，工作穩定，工作風氣自由，沒有人會管我怎麼做事的工作環境。這份工作是我喜歡而且擅長，一週上 3 天班，一週工時 12 小時。我的工作是自己獨立完成，工作設備新穎環境乾淨明亮，而且工作成果能夠得到即時的互動回饋與成就感。

接下來，請繼續刪除。這邊要提醒一下，這份清單的條件是你自己心中真正在意的事情，而不是你身邊的人覺得重要的，或是你身邊的人希望你在意的，也不是這個社會氛圍讓你覺得你應該要在意的事情。

再說一次，這一關是要選你覺得你的工作中最重要的10種特質，是你發自內心地覺得，不是你的爸媽覺得，不是你的師長覺得，不是你的同儕團體覺得，也不是這個社會框架下覺得，是你發自內心地認同覺得，這是你的工作中最看重的10件事。

接下來我們把選項從10個刪成5個，然後進入排序的階段，在這五件事情當中，哪一項你覺得是第一名、哪一項是第二名、哪一項是第三名、哪一項是第四名、哪一項是第五名呢？我們將比較這五件事情的重要程度，排出它們的優先次序。這個時候可能你心中有一些拉扯：「你要我從二十幾個篩到現在剩5個，這5個全部都很重要啦！我的手跟腳、跟頭、跟身體、跟內在器官，5個都很重要，怎麼有辦法排哪一個比較重要，這太難了吧！」

我可以提供你一個方法：像體育賽事捉對廝殺一樣地兩兩一對一 PK。在僅存的 5 個選項中，我們讓它們踢世界盃，兩兩捉對比較，贏的晉級──頭跟腳哪一個比較重要？手跟身體哪個比較重要？就是要逼你排出來，贏的人晉級下一關，繼續跟另外一個選項比。舉例來說，如果前面的步驟篩選出來最重要的 5 件事，分別是「月薪 20 萬」、「海外工作」、「無需技能」、「不用跑外勤」、「公司包吃住」，那你要小心你可能會被關在緬甸柬埔寨回不來。

　　例如把「月薪高」跟「無需技能」相比，你覺得錢比較重要，還是不用有能力比較重要呢？這個很快速，我馬上就知道，我覺得錢比較重要，錢贏了，錢晉級下一輪。在這樣不斷地捉對廝殺之下，最後你會排出 1 到 5 名的順序。還是要再次提醒你，你在排名的時候，是以心中真正的想法來做排名，不是依照他人的眼光，不是旁邊的人給你的壓力來做排行。

這份清單是告訴你「什麼樣的工作最吸引你」、「關於工作你最看重的是什麼」。除了這樣向宇宙下訂單的夢幻工作清單外，還有另一種找工作的著眼點是：你有沒有夢想？有沒有從小就嚮往想從事的事情？請想想有沒有哪一件事做成，會讓其他事情變得不再重要？

　　這樣你就得到了從兩個面向來看最想做的工作了！

　　接下來，請去調查哪些公司符合你清單上的條件，以及他們需要什麼樣的人才。若是沒有缺，主動寫信詢問有沒有其他機會；如果發現自己有能力不足的部分，努力補足，讓自己成為配得上清單的人。

　　另外也可以從這個方向想想：你能做的最重要的事是什麼？

　　你會什麼，你的專長是什麼，什麼事你做得比別人又快又好，那會是一份你得心應手的工作。

　　最後，我們可以用老派但有用的 SWOT 分析來釐清現況。這是一份由「聲藝」製作提供的職涯自我評估表，建議你排出個半小時安靜悠閒的時間，好好面對自己回答

這些問題。

　　填答完後，想想：「我現在可以做些什麼？」

　　請列出 3 項你在 10 分鐘內就可以完成的事情，像是打個電話、傳個訊息給相關產業的學長姐，寫封信給公司詢問徵才的時間、目前有沒有缺人，然後馬上開始執行！每天持續行動。

　　機會與運氣是留給準備好的人，所以，動起來吧！

事前準備
事後評估系統

更大的目標，
也就相應著我們要付出更大的努力。
當你在訂定目標的時候，請記住這一點。

帶新人讓我好挫敗

 小天使

哈囉，親愛的馬克瑪麗，你們這輩子有帶過新人嗎？我好想當個會帶人的「前輩」，但是好難呀。

大學畢業後，我一直在同一間公司工作，超過五年了，從小菜鳥熬成「資深小組長」，於是現在我的工作之一是要負責帶新人了。

這個新人是男生，我稱他為學弟。他是從Ａ部門調過來的，因為不適應，所以轉調來我們這邊。那個Ａ部門我也待過，有個超嚴苛的主管人稱「武則天」，底下的人壓力超級大，所以即使有聽到一些學弟的風評，我想說不要有先入為主的觀念，用我自己的雙眼確認他的學習態度如何再說。

部門內有另外一個也常負責帶新人、比我更資深的同事。她曾對我說：「沒有留不下來的新人，只有不會帶的

主管。」哇，學姐都這麼說了，我更覺得一定要把這個新人帶起來。

可能是因為在上個部門受挫，所以這個學弟很常一臉沒自信的樣子，動不動就說：「我覺得誰誰誰不喜歡我。」欸，不是耶，在我們這種文化產業，員工性別比例一直是「陰盛陽衰」，一旦有男生錄取，只要長相不差、工作態度與能力達平均值，都會是「團寵」好嗎？好啦，也許有點誇張了，但絕不會到被討厭的地步。而且這位學弟的長相算是符合當今的審美標準，所以他這些腦補式的抱怨讓我有點無言。

跟他共事一段時間後，我發現那些「流言」還真的是有點道理——他的做事態度真的會讓人火冒三丈！

大家都知道，在職場裡不積極主動點，會讓同事、上司覺得無言。這位學弟最大的問題就是「欠積極」。教他時都不做筆記，問他我說得夠清楚嗎？有沒有問題？都說「沒有」，等到放他自己執行了，才發現很多流程都沒搞

懂！更糟的是，他不會主動回報工作進度，每次都要我去問才能得知他的情況，這樣真的讓人感覺心太累了！

　　跟朋友抱怨這件事，他也是個小主管，他說：「現在新人的積極度跟我們當年不一樣了。」真的是這樣嗎？每天進辦公室看到這位學弟，都讓我覺得不開心，又想到同事那句「沒有不好的新人只有不會帶的主管」，難道是我的問題嗎？是不是我沒把他帶好呢？馬克瑪麗，到底是我的問題還是他的問題呀？

馬克教主神開釋

師父領進門，
修行在個人。

現在的我已經不再相信「沒有教不會的學生，只有不會教的老師」這句話了。自從開始講課、做線上課程，我發現，有些人雖然上了課，但似乎不會達到我想像中的改變。

當然我永遠有值得檢討的部分，是不是我的期望太高，是不是我的課程設計太差，是不是我講授的方式不對，是不是我沒有激發出學生的動能與潛力。但目前我更傾向的是這句話：「**師父領進門，修行靠個人。**」

因為唯有如此，我才會覺得好過點。

我相信有超級厲害的老師，能針對不同的學生因材施教，讓人一點就通。我也相信有冥頑不靈的學生，其內在的問題太過複雜，導致他沒有學習意願，完全不受教。這就像矛與盾的對決，究竟是最會教的老師能讓人學會，還是最不受教的學生能讓老師投降。

　　如果放在一個一對一的對決環境中，屏除外界的干擾，我覺得矛擊潰盾的機率很高。但問題是，我們的日常生活不是在一個受控制的實驗室環境中進行。在那裡，變量可以被細緻地操縱和研究。相反地，我們活在雜亂而充滿活力的真實世界中，隨時受到無數不可控的因素影響。

　　在這個動態的環境裡，我們會不斷面臨機遇與挑戰，需要做出決策、解決問題並與他人互動。**每一個瞬間都呈現出獨特的環境和限制條件，需要我們保持專注、批判性思維和良好的情商。**帶人的任務只是你眾多工作中的一個項目，你還有很多其他需要完成的日常工作。而職場菜鳥的任務則是要盡可能地學習，盡快地上手，跟上同事的節奏，成為團隊中有用的一分子。

說到這裡，你應該可以發現，再強的矛在現實生活中，也會受限於其他必須顧及的工作而分身乏術，是一把有限之矛。但最強的盾，只要沒有意識到自己的角色需要積極學習、努力成長，他會是一面堅不可摧的無限之盾。

　　以有限面對無限，這是一場必輸的比賽。

　　檢討自己是不是可以做得更好，是一種對自己的行為表現負責，求進步的態度。我們可以藉由反思找到提升自己的方法，取得更好的成果。但需要先釐清的是：

　　一、我工作的目標是什麼？

　　二、做什麼事情可以幫助我最有效地達到目標？

　　三、我要怎麼分配我的精力與時間？

　　帶人也許可以獲得成就感。看到自己教出來的後輩可以獨當一面，成為一個工作能力強大，可以讓人信賴的隊友，身為師父的你可以說是顏面有光，與有榮焉。但是除非你的工作就是帶人，**否則你應該把主要精力放在把自己的工作做好，確保你達到工作目標和期望。而帶人這份任**

務，比較像是隨緣和日行一善。

◆◆◆

關於帶人，我們常收到的抱怨有兩方面：**菜鳥抱怨工作沒有人帶，凡事只靠自己摸索，撞得滿頭包；老鳥抱怨年輕人態度不佳、不受教。**兩邊都說自己好苦好難，但只要你換位想想，試圖分析一下對方為什麼會有你無法理解的行為，也許你都可以釋懷些。

菜鳥請想想：

老鳥有時候都自顧不暇了，哪裡有空既細心又耐心地教你。或者你看老鳥是個薪水小偷，他自己有事能閃就閃，怎麼可能幫自己找麻煩來帶你；他不把事情全部推給你就阿彌陀佛感謝阿拉感謝上帝了。又，你看他那種工作態度，你期待他能教你什麼專業的東西嗎？頂多傳授你幾招推託跟閃事的方法吧！

不要預設你進到公司會有完整的教育培訓機制，台灣人做事很隨便的，每個人都是泥菩薩過江，摸著繩索過

河。如果你遇到了一位願意帶你的前輩，是你的幸運。但請你把預設調整成所有事情都要自己問、自己學，保持積極的態度。主動積極的新人最可愛。**你想遇到職場貴人，請先當那個可愛的人。**

老鳥請想想：

　　你當年什麼都不知道的時候，是不是也如此地徬徨無助，是不是也害怕開口詢問會打擾到人家，是不是也覺得同事對你好像愛理不理？有時候，新人不是態度不好，只是初來乍到有點害怕。你可以當個溫暖開朗的前輩，伸出援手；也可以因為怕麻煩怕被纏上，所以保持距離，這都是你的選擇。只是如果你要求人家態度好，自己又要擺張臉處處刁難人，這種媳婦熬成婆，學長學弟制的觀念和做法，就兩個字：噁心！

　　「人性最大的惡，就是在自己的權力範圍內，最大程度地為難別人。」

給菜鳥：

當你沒有上進心，不主動積極求教，有問題不開口問，每次都先照自己想的方向悶頭做，或總是要到被罵了被催了才動作。這樣的你，旁人是無力為你做些什麼的。

在念書的時候有定期的考試，不管你會或不會，反正年限到了你就是會畢業；不管再怎麼被動，你都還是可以拿到一張畢業證書。但離開學校後是個完全不同的世界了，你要做不做，別人都看在眼裡。

不管你是因為害怕，因為沒自信，因為內在糾結，因為覺得自己高人一等，還是什麼各種各式各樣的原因而不主動開口問人、不積極起身做事，只要你拿不出別人認可的成果來，你在職場上就是個劣等不及格的存在。

有時候能力差不是問題，如果你嘴巴甜個性好，你還是能混到立足的一席之地。但如果你搞不清楚自己要幹嘛，只是等待別人手把手地教你；或自視甚高，對別人的指導不上心，自我意識超強，只願意用自己的方式做事。這樣的人，沒人想帶，你會被討厭也是剛好而已。

給老鳥：

　　想要有好用的新人，請先當一個以身作則的前輩傾囊相授。怕教會了自己就會被幹掉，是極度無能的人才會有的想法。嫌新人爛、新人糟、新人不受教非常簡單，大部分的人也都這麼做。因為這樣可以為你和你們帶來一些同仇敵愾的安慰感，就像你們一起罵主管與老闆一樣。

　　但是很抱歉，**抱怨只能舒緩一時的情緒，沒辦法為個人、為組織帶來什麼正向的效果**。面對新人，你可以好好地帶，有耐心地教。如果發現對方真的是爛泥敷不上牆，那至少你努力過，無愧於心。

　　最後送上一段話給雙方：

Inaction breeds doubt and fear. Action breeds confidence and courage. If you want to conquer fear, do not sit home and think about it. Go out and get busy.

不作為會滋長懷疑與恐懼；行動帶來自信和勇氣。如果你想戰勝恐懼，別只坐在家裡想，行動吧！

——Dale Carnegie（戴爾·卡內基）

老鳥不教，會讓整個公司文化蔓延著懷疑與恐懼。來到新環境的新人，本來就害怕了，當他感受到這樣的氛圍後會更加遲疑而不敢發問，於是形成一個惡性循環。菜鳥覺得沒人理而受委屈，老鳥覺得新人怎麼不主動而看不起。兩邊都不行動，這個惡性循環就這樣持續下去。

　　想要自我成長，想要有良好的企業文化，身處其中的每一個人，都可以從自己開始做起，創造一個往前往上的正向循環。

Let's go！

Inaction breeds doubt and fear. Action breeds confidence and courage. If you want to conquer fear, do not sit home and think about it. Go out and get busy.

不作為會滋長懷疑與恐懼;行動帶來自信和勇氣。
如果你想戰勝恐懼,別只坐在家裡想,行動吧!

——戴爾・卡內基(Dale Carnegie)

做好萬全準備還是失敗了

 白月光

　　哈囉，馬克瑪麗好，謝謝你們讓我在一個人的時候不這麼寂寞，每次聽到你們討論新聞事件或回答點友的問題，都讓我有種很酷的感覺。這封信我想分享一個追夢的故事。

　　M 是我的好朋友，國中時我們就認識了，她身材高躺又美麗，歌唱得很好。她一直想進演藝圈當歌手，所以高中去讀了表演藝術；而我讀的是普通高中，所以高中到大學這段時間，我們很少聯絡。只是曾聽共同朋友說，她一直在參加比賽，好像有得過獎，但沒有正式出道。為了滿足表演的欲望，她去考了街頭藝人。有天晚上同學約我去聽她唱歌，她唱了一首現在很紅的歌，真的不輸原唱，超級好聽！那天晚上我們交換了 IG，從不太熟的國中同學變成常聊天的閨密。

這時我才知道，她高中畢業後沒有繼續念大學，為了一圓明星夢，到處打工賺取生活費跟學費。除了音樂課之外，她還去上美姿美儀、化妝、表演、英文一堆課程，我就不懂啊，只是想要當個歌手，為何要上這些不相干的課程呢？她告訴我，這是為了以後成為專業歌手而準備的，畢竟我們活在一個看臉的世界，歌星不只要唱歌好聽，儀態妝容也要美麗；學英語是為了抓住出國表演的機會……她還去做了雷射矯正近視，也矯正了微齙的牙齒，這些都把她努力賺來的積蓄花得精光。還好她父母很支持女兒的夢想計畫，沒念大學、沒找正職工作都沒說什麼，還時不時會給她零用錢。

　　我聽了好吃驚，我只是個沒想太多的大學生，只是因為分數到就念了企管系，也不知道未來要幹嘛，自己的未來在哪裡；想不到 M 的目標如此堅定，一步步為目標做準備，我真的很佩服她，也真心認為，老天爺一定會看到她的努力與堅持，讓她實現當歌手的夢想。

最近，M 沒有通過某個很重要的歌唱比賽，確定被淘汰的那一天，她打電話給我，哭得很傷心。她說自己累了，努力這麼多年也沒有發片出道的機會，是不是該放棄還是該轉行⋯⋯我也很難過，覺得老天爺太不公平了，她是我見過方向感最明確、最努力的同齡人，為什麼總是遇不到伯樂、沒辦法被看見呢？

馬克教主神開釋

你不是失敗，
只是沒有被選到而已

　　斯多葛[1]的教導告訴我們專注於可控的，不去擔心不可控的。**可控的是我們的態度、想法、努力、行為；不可控的是運氣、別人的想法、事件的走向和結果。**付出努力後想要有好結果是人之常情，但也請記住這句話：**努力不一定成功，但成功需要努力。**（Hard work doesn't necessarily bring you success, but success requires hard working.）

1　斯多葛（Stoicism）主義又稱「門廊哲學」，由芝諾於西元前三百年創立，在希臘化時代以及基督教成為羅馬帝國國教前，是最流行的哲學流派。

前半句的「努力不一定成功」，是要提醒我們有目標很好，為目標付出努力很好。小時候的八股作文題目〈要怎麼收穫先怎麼栽〉、〈種瓜得瓜、種豆得豆〉，如果你真的是農夫就會知道，就算你栽了你種了，你也擋不了颱風要不要來，會不會讓自己的心血付之一炬；作物會不會盛產導致大盤商的收購價格偏低；自己因為長期暴露在農藥的化學環境或是不小心被毒蛇咬到，必須進醫院無法耕種。就算付出了努力，但生活有很多不可控的因素；就算我們可以在事前做更多的規劃、更加小心謹慎，但也沒辦法算到方方面面。

　　有些人聽到「努力不一定成功」這句話後就覺得：既然努力不一定有成果，那我乾脆就不要努力了吧。這是躺平哲學的精義──反正我再怎麼努力也買不起房，那為什麼要努力呢？不如躺平，還比較舒服。要這麼辛苦地工作生活何必呢？活在當下好好享樂吧！

　　舒服地過活是一種人生觀，想要過得更好更成功也是一種。如果你有想成為的人，有想要的生活樣子，那還是得努力的吧。雖然努力不一定會成功，但是不努力一定不

會成功的呀！

◆◆◆

　　我曾經為了要不要繼續做廣播而感到迷惘，那段迷惘的時期很長，長達四、五年吧。有一篇文章讓我留下很深的印象，看到這封信後我想起了那篇文章。很可惜在網路上怎麼找都找不到，好在二手拍賣有人在賣那期的過期雜誌。我的寫作停了一星期，就只為了等這本雜誌送來，好原汁原味地重溫那篇記憶中的文章，並且與你分享。

　　文章來自 2010 年 5 月號的《大誌雜誌》第二期，封面人物是阿密特，訪問的標題是〈當我看不清自己時，我離開〉，撰文者是潘采萱。

「在一成不變的時候，很難讓自己感覺到活著的感覺，所以我喜歡嘗試。當我要去挑戰一件事的時候，我會完全投入，當完成的時候，不管成功與否，我又會退回來，回到最原本的樣子，讓自己沉澱，然後再開始。

當我小的時候，每當我問爸媽的意見時，我爸總是說：『你

先去做了再說。』『你去做這件事情，你成功了我們會為你鼓掌，很多人會為你鼓掌；可是若做不好，就表示那不是屬於你的東西，你已經盡力了。』

如果你曾經想要成為一個這樣子的人，或者做一份這樣子的工作，就去做。但是要在你可以控制的範圍內，不能不計後果地一頭栽進去，然後最重要的是，謙虛地迎接成功，平靜地接受失敗。」

為自己的努力設定一個期限，並且注意凡人皆會有的心智盲點，這些盲點像是：

·我已經這麼努力了，為什麼還沒有成功？

（是誰告訴你努力就會成功的？另外，你真的夠努力了嗎？沒有可以更用力的地方了嗎？還有，你在對的方向上努力嗎？你嘗試過各種不同的方法，並且有給予每種方法足夠的時間，讓學習曲線穩定嗎？）

·只要我去做，我就能得到。想太多沒有用，做了再說。

（完善的計畫比你想像中有用，先做再說、邊做邊學也是一種方式，但要我來說的話，我會覺得當你把一件事想得越清楚越透澈、步驟越明確，實行的過程會越踏實。）

·只要我不放棄，就不算失敗。戲棚下站久就是你的。

（表演都散場了你還站在那裡，就算你擁有整個戲棚又如何呢？堅持是好事，不願承認自己的無能與失敗是另一回事。）

·我已經付出了那麼多，現在放棄太可惜了。

（做決策的時候考量自己已經付出的成本，才叫不明智。付出的已經付出了，人要看向未來，而不是頻頻回首過去。）

給自己一段時間，在這段時間內，擬定好清楚的計畫，然後朝著目標往前衝。這個計畫要有明確的「檢查點」，讓自己能夠評估自己的表現，找出改進的空間。這

個計畫也要有明確的「停損點」，如果過了多久還是沒有得到自己想要的，如果在檢查點發現了自己不適合、做不到，那就要重新評估你的目標，或是放棄。

放棄沒有你想像中那麼可怕，承認失敗是一個難能可貴的特質。認知到自己的無能，也是更加地認識自己。在**認識自己的路上，沒有所謂成功與失敗**，一切的經歷和過程，只要有幫助你更了解自己和這個世界，就是賺。我們的心智有強大的轉念能力，**沒獲選不是失敗，你只是沒有被選到而已。**

最後想對來信者說，你的朋友很有可能不會放棄，她會繼續前進。因為放棄不在她的 DNA 裡，她會持續在夢想的這條道路上痛著。她對你的哭泣與抱怨也只是一時的宣洩，很可能在能量釋放完後，就會重整旗鼓，對自己喊話說要再給自己一次機會（就像被渣男傷害的傻子會對自己說的話一樣：「他是我愛的，他會回應我的」、「再給他一次機會」、「現在放棄就什麼也沒有了」）

但更重要的是，那是你朋友的人生，你朋友的決定。與其擔心方向感最明確、最努力的同齡人為什麼遇不到伯樂，請你好好擔心自己的未來要幹嘛吧！

你不是失敗，
你只是沒有被選到而已。

CASE 6

跟著感覺走不對嗎？

 惠惠

　　我是惠惠，去年打工度假完回台灣心情就很亂；我腦子很亂，生活很亂，日子也過得很亂，總之就是亂成一團。我現在寫信給你們也是覺得好亂。我有時候會想，我到底是在忙什麼，怎麼什麼也沒做，就快三十了。人生哪裡是終點？死亡嗎？是嗎？我是常常想到什麼就去做的人，朋友都說我很有行動力、很有勇氣去改變，但是我的問題是常常做一做覺得不適合，也不想堅持就放棄了，以至於我現在一事無成。

　　家人都說我把生活想像得太美好了啦，從小到大什麼事都憑感覺，做什麼事都亂衝一通，都沒有想過壞的地方，遲早有天會出事。真的是這樣子嗎？真的嗎？但現在這樣也沒怎樣啊，我就一直都這個樣子啊。只是，我也快三十了，什麼時候會改變啊？聽到回信的時候希望有所改變，但其實當個小廢物也很好啊，呵呵。

馬克教主神開釋

行動是排解焦慮的
最佳方式

　　很多人在被問到「喜歡什麼樣的人」的時候都會說「感覺」、「不知道耶,那是一種感覺。」會講靠感覺啦、隨緣啦這種話的人,我覺得有三種可能:一、他是天才,二、他懶得理你,三、他懶得去想。

　　天才是生下來的感覺就超強,或是他沒辦法以邏輯的方式說明他的選擇,但是他的人生過得順風順水。你可以看到一些把股市當提款機在用的人,你問他為什麼這個時候會下這樣的單,他常常也會回你憑感覺啦,賺錢靠的是盤感。除了他說不出為什麼之外,另一個更有可能的是,

他覺得要跟你解釋太麻煩了，以及他沒必要跟你說。

　　但大部分感覺派的人，屬於第三種——懶得去想。

　　因為覺得很煩，所以不去想。而覺得煩的原因，常常源自於他的世界觀：我不值得、我沒有能力、我無法改變、沒有人會選我。對生命與自我的無能為力讓他覺得：就隨波逐流吧，反正也不能改變什麼，只能祈求有好事發生在我身上。

　　不去想自己要什麼，就不會讓自己失望。

　　最近幾年，網紅帶起一個「把你的擇偶條件清單列好，去霞海城隍廟念給月老聽」的行動。有越來越多人會把自己的理想條件一項一項地列出來，也有越來越多人知道要把願望說出來，向宇宙下訂單。但是當他們把他們的清單放在網路上的時候，你會看到很多人嘲笑或是打壓他們的清單。

　　我剛剛看到一個女生詳列 15 條洋洋灑灑的擇偶條件，結果很多男生在下方回覆：「妳也不先照照鏡子」、

「妳該問的是為什麼這樣的男生會選擇妳」。還有個男的也照樣列出他的條件清單，第一條就是：「不會列出這種清單的女生」。

這本書不是要談兩性戰爭，但你可以看到留這些言的人，他們內心是多麼地匱乏與不安，並且選擇以惡意的方式去攻擊造成他匱乏與不安感加深的對象。

當你覺得自己是被選擇的一方，然後你看到別人列出的條件，有很多你不符合，或是有一、兩項你不符合，你心中的防衛機制就會升起，就很自然地會想打壓對方，把對方認為是不可愛的、現實的。

我一直覺得工作跟感情有非常多可以類比的地方，把上面的情境換成找工作，是不是一樣適用呢？

我們看到很多人抱怨工作難找，嫌棄公司開的需求條件太高，給的薪水太少；覺得這個社會就是現實，資本主義真糟糕，老闆都是慣老闆。這些抱怨來自一個需要工作、想找工作的人，可是當你把你想要的，想成討厭可惡

的，你會活得非常扭曲與痛苦。

如果今天問你說：「你理想的工作是什麼？」然後你的回答都是不知道欸，靠感覺，再看看吧。而你又屬於「懶得去想」的感覺派，非常可能你就會常常感到很亂，腦子亂、生活亂、日子亂，全部都好亂！

因為這些亂是彼此相關的。當你的生活作息沒有固定，你的生活環境與工作環境沒有打掃乾淨，當你的吃飯時間沒有定時定量吃營養的東西，當你的睡眠情況糟糕，常常熬夜、失眠、睡眠不足，早上賴床，當你沒有好好地洗頭洗澡刷牙保持乾淨，這些外在的髒亂會一點一滴地侵蝕你的靈魂，擴散到你生活的方方面面。

當你沒有系統地過活，憑著感覺非常隨意地想做什麼就做什麼，這樣的生活雖然自由、無拘無束，但缺點就是你可能在不知道什麼時候，某個時間點，就卡住了。你會發現你好像沒辦法再這麼自由隨興地過生活了。麻煩的是，當你發現的時候，也已經來不及了。

◆◆◆

　　你可以把這個過程想成一個非常有天分與才華的音樂家或籃球員。從小呢，這個人就展現出比同齡人更高更強的天分，他不用特別練琴或練球，隨便地彈一彈就可以在比賽中拿獎。他也就一直維持這樣子的生活方式，平常要練不練的，練習也沒有方法。比賽有拿到名次，他就覺得：哎呀這件事真的非常非常簡單呢，你看我沒有練習，還不是照樣上台領獎，過得很好呀。但如果比賽失敗了沒有拿到名次，他的心智也馬上會自我安慰說：「哎呀沒關係啦，對手都練得這麼勤，我又沒練習，只要我練習夠，一定可以超越他們。」或是馬上會有這樣的念頭：「不過就是一個小比賽嘛，有拿獎沒拿獎有關係嗎？我還是可以好好生活啊，我的人生又不是為了拿獎而存在。」

　　這些念頭的出現，都是為了保護自己的自尊，讓它們暫時地免於受到現實的打擊，只是如果你沉溺在其中，對你的長期生涯是沒有幫助的。

　　我們很清楚地知道這位有天分有才華的孩子，他是不

可能成為音樂家與籃球員的；因為天分雖然重要，但是單靠天分是沒有辦法走得遠的。

隨著年紀的增長，他會在更高層級的比賽卡關，他會嚐到深深的挫敗感：奇怪，以前明明這樣可以過的呀，為什麼現在不行了？

有一條狹窄的小縫連接著一個遊樂空間，一個三歲的孩子常常開心地爬進去玩，但是等到他四、五歲的時候，他就覺得要穿過那個縫有點擠；直到七、八歲，不管他再怎麼努力，也穿不過去了。

以前可以靠著天分打天下，以前可以靠著憑感覺隨意地過活，可是為什麼現在不行了？

因為你長大了。

當你缺乏系統化的生活，沒有好好規劃自己的人生，單憑天賦和感覺活著，很容易在現代化的社會當中受到挫折。你會發現那條縫對你來說越來越小，很多人是直到過不去的時候，才發現：「啊，過不去了。」

人生的過法有很多種，有些人的做法是不斷逃避，去念研究所躲在學校裡不出社會，去打工度假，換個地方生活與賺錢，安慰自己別的國家的時薪比較高耶。但如果命運女神沒有青睞你，沒有好機會降臨到你的身上，當你必須回到台灣面對現實的時候，你會發現過去用逃避心態從事的那些活動，並沒有為你的人生帶來太多資源。

　　然後，隨著年歲漸長，你會發現自己沒辦法再逃了。你達到了其他國家打工度假的年紀上限，開始有一些現實的考量：

身旁的朋友開始成家，我是不是也要找個人定下來？朋友生小孩了，我是不是也要有孩子？現在該先去凍卵嗎？這樣一凍就把之前存的錢都花掉了呢……爸媽好像老了，要退休了，但是我真的沒有錢養他們……

　　這些現實的問題，加上你憑著感覺走的個性，最後會讓你有一種「我到底在幹嘛」、「人生好難」、「人生好煩」的感覺。

◆◆◆

　　發現自己卡住，過不去那個縫，你可以積極瘦身或是把洞鑿開。腦子亂日子亂都是你沒有把自己顧好的徵兆，從調整作息開始，讓自己每天提早一點睡覺，每天睡足 7 到 8 個小時。當你早上醒來，不是靠鬧鐘把你吵醒，而是自己覺得睡飽了的自然醒。那恭喜你，你的腦子跟日子很快就會出現改變。

　　當你有了固定的作息後，請有意識地維持自己吃進去的東西，選擇營養均衡的食物，遠離精緻的加工食品、手搖飲、炸雞、速食、蛋糕甜點餅乾，多喝水。You are what you eat，你吃什麼，就會變成什麼。

　　持續這麼做，你的腦子跟日子不只不亂了，還會開始變好。

　　當你腦子變清楚了，你就可以開始列清單了。把自己想做的事情列出來，對這些事情進行價值評估，這件事有什麼好處什麼壞處，以及對你的人生來說是緊急的還是重要的。

列出每週清單、每個月清單、每年的清單，還有五年後，你想在哪裡？

用這個「五年後你想在哪裡」的目標，往回推每年要完成什麼目標；再回推回去，如果你今年要達到這些目標，那每個月要達到什麼？再回推回去，如果你這個月要達到這些目標，那這個禮拜要達到什麼？最後，以這個禮拜的清單來訂定你每天的待辦事項，把這些事情依照重要緊急四象限分類；完成後，條列寫出來，然後去做。

當你的行動經過事先規劃，你就不會再亂。**行動是排解焦慮的最好的方式**，過去的你用盲目的行動，憑著感覺往前衝。你會這麼做的原因是因為你想要消除內在的不安。也許短期有效，但長期下來，如果亂衝的結果沒有累積，就會有點在浪費人生的感覺。

同樣用行動去解決你的亂，只是這一次，請用深思熟慮後的行動吧。

對於憑著感覺過活衝動行事的你來說，請把這句話當作座右銘：**三思而後行**。

五年後，你想在哪裡？

又來到天馬行空列清單的時候了。對於未來的想像很模糊沒有關係，我們只是沒有靜下心。我們都想過「如果中了樂透要怎麼花」這件事，但是對於人生本來就已經中了樂透的我們（我們都是經歷了如中樂透頭獎機率般的受精卵，才能誕生在這個世界上的），卻沒有好好想過自己人生要怎麼過。

列出人生最想做的 50 件事，可以是你死前一定想嘗試的清單，你想擁有的能力，你想成為的樣子；不用考慮現在的你是什麼樣子，先把所有的可能性列出來。而且一定要超過 50 項，超過沒關係，但是不能沒達到。

要列「超過 50 項」的原因，是我們的腦子常常會自我設限，不願意再多花一點腦力再多想一點。人類的大腦被設計成很會保存能量，常常處於自動導航與捷思模式，列出「超過 50 項」的練習是希望可以逼它多動一點，看看能不能喚醒被埋藏在內心深處的願望。

這份清單只寫給你自己看，所以再狂也沒關係。我本

來想跟大家分享我的清單，但寫到第四個之後就開始害羞了，有點恥啊。希望你也跟我一樣不要臉地寫下去，拋開羞恥心，盡量寫吧！幻想自己一注獨得頭彩成為億萬富翁這種夢都做過了，其他的願望相較之下都還沒那麼難吧（超能力跟太過科幻的事就先緩緩，這是五年後的清單，不是五百年後）。

好不容易寫超過 50 個夢想，又到了刪刪樂的時間。我們要把 50 個夢想刪到剩下 10 個！看到這邊，有些人可能就會想，那我寫 10 個願望就好了啊？ NO NO NO，這個先增後刪的步驟不能跳過也不能倒轉喔。

先多寫是為了擴充我們的腦容量，讓更多想法進來，之後再用不同的腦子把選項刪減。我們是藉由刪減的過程，在感受與體會各個目標對自己的重要性。你會發現有些事你在一開始時就想到，它馬上跳進你的腦海，但是最快想到的不代表它最重要，有可能只是它最困擾你。而且它也不一定是你「最想做的」，很可能只是「外界要你做到的」（你認為外界要你做到的），而不是「你自己想完

成的」。

例如：買房。

我是不覺得有人生下來的願望會是：「我要加入房債少年團，我想背貸四十年！」**夢想應該是它本身就是快樂的，而不是「因為有它以後，我就會快樂」的條件句。**

確認你的夢想真的是自己想要的，不是為了他人，不是為了社會價值，然後列出跟這個夢想相關的實踐計畫。有什麼事情你做了，就可以更靠近這個夢想一點？為自己的每個月、每週訂出朝夢想前進的計畫，然後看著這個每週計畫想想：今天我可以做些什麼？

然後去做！

馬上去做！
在一天一起床的時候就去做！

別再叫我正面思考

 大藍

嗨，馬克瑪麗，你們有經歷過從天堂掉入地獄的感覺嗎？最近我就是這樣。

年初，我得到了一個去某大跨國公司面試的機會，要去國外的總部，對方提供機加酒的補貼讓我成行。

這面試當然是全英語的，而且對我而言是跨領域的嘗試。想當初投履歷時，我壓根不覺得自己有面試的機會，畢竟我的工作資歷都在台灣，雖然在目前的公司做得不錯，但那間企業的規模遠大於我原公司，我想他們徵才的對象應該是整個華人世界，那麼會去應徵的菁英有如過江之鯽……我可能不會太顯眼。

所以一收到面試通知，我開心得跳了起來！真是喜出望外。當然一方面也很緊張，我的英語能力不錯，但並沒有留學經驗，全英語的面試還是會讓我壓力很大，所以下

班後我認真準備，希望自己不要表現得太漏氣才好。

　　不過，等到了面試現場，我還是緊張到不行。而且他們出的題目好難，連我用中文表達可能都無法答得太好，何況是用英文！於是想當然耳，我沒有應徵上。這是我的預料之中，雖然最後沒能跳級式地進入那間公司，但這次面試讓我開了眼界，得到了一次被補助的旅遊機會……其實我還是有所得呀，這樣安慰著自己。

　　我繼續在原公司上班，日復一日。但漸漸地，有種負面的感受浮現出來：其實我沒有遇到什麼壞事，一切如常，年初的面試好像一場夢。但那個夢迫使我面對了真實的自己：我真的不夠出色。因為待在舒適區裡，做著熟悉的工作，周圍也都是非世界級菁英的同事，所以我才能夠表現得「還可以」。

　　發現自己逐漸陷入負面思考的深淵中，我很努力要「轉念」，但是這些思考法就像逐漸失靈的特效藥一樣，無法撼動充斥在心中的暗黑感受。我發現自己根本不相信

那些正面積極的想法，因為這不是我的真實經驗。說人能靠這些方式就轉念，根本是自欺欺人的騙術。

真相是：我能力普通、生性悲觀，還超在意別人的想法又愛面子。我朋友很少，應該算是沒有朋友，我也沒有真的在乎過哪一個人。

看見這些平庸又赤裸的真相，滿令人難過的。反正，我現在就是在暗黑世界的底層躺平。馬克瑪麗，你們也會這樣嗎？

沒有過程，不會有結果

　　這世界上有一群為數不少的人，他們不相信夢想，也用盡辦法叫人不要追尋夢想。他們的說法是，當你去追尋目標，然後非常非常靠近卻沒有得到的時候，那股失落會吞噬你，你會被夢想給灼傷的。

　　他們說：不要鼓勵人追尋夢想，因為那不負責任。夢想追尋失敗後的失落，還有追夢者往後的人生，誰能負責？不做夢，就可以避免失敗，保護人不受到傷害。

　　同樣的想法也可以替換成，不要去追求你很喜歡的對象，因為當你發現你追不到的時候，你會讓自己受傷。

　　不要去設定你最喜歡的目標，因為當你發現你達不到

的時候，你會覺得自己一無是處，你很糟糕。

　　於是這種思維就變成：我不敢想、不敢要，反正我都得不到，那我就這樣吧，安安分分地過自己平平淡淡的小日子，也許這就是人生的幸福吧。你也這麼覺得嗎？

　　有些人遭受到挫折打擊後，會一蹶不振再也爬不起來；失戀後陷入深深的憂鬱，情緒憂鬱到出現身心狀況，然後一輩子都必須跟這些情況相處。

　　也有些人在遇到挫折後，會覺得「怎麼可能」，為什麼這個關卡會困住我？為什麼我沒辦法得到我想要的？於是他會更努力去了解自己，去改善缺點，去認識世界，知道世界是怎麼運作的，然後希望當他下一次再遇到同樣的狀況時，他可以衝破這些關卡，成為一個更強大的人。

　　你是哪一種個性的人呢？失敗了就躺平，還是覺得怎麼失敗了？我要挑戰！

　　要不要去追求夢想是一種價值觀，沒有什麼好壞，能不能面對失敗是不同的個性，也沒有什麼好壞。但這兩個面向結合起來，就可以成為一個 2×2 的矩陣：

	追夢	不追夢
挑戰	I 想要追求好東西，並且有成長心態、挑戰心態的人。	III 沒有想要追求夢想，但是有不斷想要去挑戰或探索世界的心。
草莓	II 想要追求好東西，但是受到挫折就掉入深淵，覺得世界末日的人。	IV 沒有想要追求夢想，覺得躺平就是人生的成功。

　　從這個矩陣可以看出不同的世界觀搭配上不同的個性，可能產出的不同結果。

　　I、IV象限的人沒什麼問題，就繼續去追夢衝撞或是倒下躺好吧。III的人偏少，問題也不大，頂多就是把自己搞得很累，或是到頭來發現自己到底在為誰辛苦為誰忙。最麻煩的就是II了，想要的得不到，內心有很多的糾結與苦水。你的世界觀是什麼呢？你的個性是什麼呢？你喜歡你的象限嗎？還是你想移動到另一個象限？

II、III象限的人都有兩個不同的移動方向。對III的人來說，他可以選擇為自己設立目標，朝左邊移動，然後更有衝勁更有動力地去完成。或是別那麼努力，朝下方移動，反正又沒有目標，何不好好放鬆享受生活。II也同樣有兩種努力的方向，要麼往上方移動提升自己的受挫力，把自己的各項能力練起來，成為配得上自己理想的人；要麼就放棄，往右邊移動，認知到自己不是那塊料，當個安安穩穩普普通通的小青年小中年小老年。

　　當你有想去的地方，但目前的自己達不到的時候，有很簡單的兩個做法：一、努力，二、放棄。譬如你想去紐約，但是你沒有機票錢，你要怎麼做？賺錢嘛，或是，別去了。

　　人生最忌的就是想要又不去做，或是為了快速達標而走捷徑，前者會讓你陷在深深地焦慮與挫折感中，後者會讓你的未來付出代價。

　　來信中，你提到了去國際大企業面試，雖然最後沒有

得到這份工作，但是獲得了可貴的經驗。可是當你回想起這段經歷的時候，想到的卻是你失敗了，你錯過了寶貴的機會，那些正面積極的想法並不是你的真實感受，只是你為了壓抑負面思考的轉念而已。

我們來談談「真實」是什麼吧！**真實是你覺得真實的東西。**

聽起來好像一句廢話，但你覺得你的真實在別人的眼中也是真實嗎？很多人說「錢是世界上最棒的東西」，這是他們認為的真實。你也這麼覺得嗎？對虔誠有宗教信仰的人來說，他們覺得「他們的神是真實存在的」，對我來說，我就不覺得那是真的啊。除了宗教，你的身邊應該也有政治狂熱分子吧？你去聽不同黨派支持者對同件事情的詮釋，你會嚇到他們的說法怎麼會差這麼多。但是那是他們打從心底相信的真實。

你覺得面試後沒有被接受，你就是一個失敗者，但有沒有可能，失敗的不是你，而是面試你的人呢？是他沒有看出你可能非常適合他們公司，他沒有看到你的潛力，你可能大有可為，沒有錄用你是他們公司的遺憾。

這也是種可能對吧？你知道嗎，面試者只是比你早生了幾年，多了一些經驗，生對了國家，母語是英文，再加上求職的時機和運氣，所以他現在坐在那個面試官的位置。但你要說他的能力有多好嗎？未必吧！

可是你卻因為沒有被錄用而一蹶不振，卻因為沒有得他歡心而自我否定，那不就變成是你把這個遺憾變成真實了嗎？你贊同他的不青睞，也因此不認為自己的未來有更厲害的成長可能。認為自己能力普通、生性悲觀，還超在意別人的想法又愛面子的這個真實是誰創造的？

是你。

是你因為受到了外界的挫折，而不願意再相信自己，是你因為容易被外在的肯定受到影響，導致你的自我價值來自外在給你的評價。

你說，不不，我就是這個樣子，這就是真實的我呀。

哦？你永遠不會變？

There is nothing permanent except change.

世界上唯一不會變的，只有變動本身。

—— 希臘哲人赫拉克利特（Heraclitus）

別人給你 offer 邀請你去面試的時候，你覺得被肯定；可是你自己也知道這是一個很大的挑戰，不一定會成功。但是當最後結果沒有成功的時候，你又感到非常地難過，覺得被拒絕了。你是怎樣？你對你自己的想法轉瞬之間就改變了呀！

　　你是不是不相信入圍就是肯定這種話，你是不是覺得過程一點也不重要只有結果才是真的。

　　那所有各大獎項的入圍者都去死一死好了啊。入圍者沒有得獎，不是他們的作品有什麼問題，只是單純不對這一屆評審的胃口而已。事實是，他們的作品已經通過了初審複審的評審口味，所以才來到決選。你能進到跨國面試關，也是通過了先前的履歷和資格審查，過關斬將才得到那個機會的。

　　結果很重要沒錯，但過程也一樣重要，**沒有過程是不會有結果的**。沒有你過往的經歷，你不會收到面試通知。而從未來的眼光來看，沒有這次的面試經歷，你也不會有未來的經歷。

　　你接收到面試邀約是一個過程，你準備面試跟被面試

是一個過程，在每一個過程中，如果你有認真去準備，問心無愧，就無須懊悔。雖然最後的結果你沒有被接受，但是沒有被接受是下一段旅程的開始。因為沒有被接受，你會更加精進自己，你會變得更強。當你從 II 到 I，把每一段結果都當作是下一段的開始；當你學會專注在當下，享受過程，結果也許就沒有那麼重要了。因為你知道只要好好對待每一個當下，好好經歷每一段過程，最終，你會得到甜美的果實。

你現在以為的結果不是真的結果，只有當你認為一切都結束了，那才會變成真的結果。所有你以為的結果通通都只是過程。每一次失戀，每一次被拒絕，每一次的挑戰，全部都只是過程。

那要到什麼時候才是真正的結果呢？

當我們死的時候。

其他所有我們還在呼吸，還有心跳的瞬間，一切都是過程。

離開世界之前，一切都是過程。[1]

「不要這樣想了」的結果，就是不斷這樣想。

　　人類雖然自稱自己是萬物之靈，自豪於自己有思考能力，但其實我們的思考方式是非常簡單的──我們總是用對立的方式去了解現實，我們總是用比較來得知現在是什麼情況。

1 《過程》，作詞：杜振熙、作曲：杜振熙、Jabberloop、演唱：蛋堡 Soft Lipa & Jabberloop

我們的大腦很習慣二元對立式的思考法，好壞、冷熱、上下、高低、左右，還有正面負面。這樣的思考模式從小就建立在我們的語言學習中了：「吃飯飯好不好？」、「你要不要洗澡澡？」、「你想不想去那邊玩？」、「你是不是會冷？」、「你知不知道這樣不好？」

　　好不好、要不要、想不想、是不是、知不知道，我們從小就開始用這種非黑即白的方式在認識世界，如果這個世界就是非黑即白的，用這種思考方式當然沒問題。偏偏這個世界就不是完全非黑即白的嘛。

　　當我們用二元法想事情，把一件事分成好的與壞的，正面與負面，基於人類趨樂避苦的天性，我們不喜歡壞的喜歡好的。所以當不好的事情發生時，人類會本能地出現三種選擇：戰、逃、僵。

　　僵是僵在當場不知道該怎麼辦，像受驚的小動物被大燈照到時瞬間凍結那樣。失去行為能力，只能等對方出招然後被一波帶走。這是完全被動的方式。

逃是轉身往反方向走，拉開與討厭的人事物的距離，用空間換取反應時間；或是用拖延逃避不去面對，用時間換取自己的心理空間。逃避並不可恥，只是可惜沒用。若你在逃避的是重要的事，像是工作、感情或是自己，就算當下逃避了，它未來還是會以不同的方式回來找你。

　　最後是戰，只有在我們退無可退，或是覺得有取勝可能的時候，我們才會選擇這一條路。也就是說，會想積極面對討厭鬼的人，要麼就是本身就有很強的挑戰心態，或是對自我能力的評估很高。

◆◆◆

　　當我們決定去面對那些負面想法時，有幾個需要小心的地方：**小心不要壓抑，小心不要抗拒，小心不要自責。**

　　要把負面想法轉成正的，也是一種二分式的思維，而且滿粗暴的。如果你只是告訴自己「不要這樣想」、「不該這樣想」、「要轉念」、「應該這樣想」，那其實是在對自己造成一股壓力。俗話說「強摘的果實不甜」，當你沒有好好消化那些你所謂「負面」的情緒和想法，只是一

味地想轉念，那你就在難以改變的事情上浪費了太多功。

　　新家裝潢完成時，我在海外的購物網買了一個邊桌。不知道是運送過程中被強大外力擠壓過，還是原本組裝的時候鐵條就是歪的，總之收到後它就是沒辦法四隻腳平平穩穩地站在地上。一開始當然很努力試圖自己想把歪掉的鐵條扳直，但是根本不可能做到，可是我還是花了很多很多的時間和力氣去嘗試。

　　後來我放棄了，我知道我不可能把已經變形的鐵條扳回來，再怎麼努力都是在浪費時間，於是我就勉強湊合著用吧。那張邊桌就在我家待著，直到最近我不知道為什麼心血來潮，想要把這張桌子「修好」。於是我又重複了五年前的那些行為——用力扳，使盡吃奶的力氣扳。想當然，桌子還是聞風不動。

　　但是這次我沒有放棄，我拿出一張紙，對摺再對摺，墊到因為歪曲而翹起來的桌腳下。還是不平，就再對摺，直到桌子平穩，然後用膠帶把它們貼起來。這張桌子的鐵條還是歪的，但是它現在不會再搖晃了。我放棄去扳動鐵

條，我承認我拿它沒辦法，我用其他的方式去修理它。

　　失控的正向思考就很像徒手扳鐵條的我。鐵條有沒有可能被扳正，也許有，但肯定不是赤手空拳的我能做到的事。要麼就是要去學習焊鐵相關的知識與技術，或是尋找專業的人士幫忙，不然就是想其他不用動鐵條的方式。

　　負面想法就像那根鐵條，它可能在出廠的時候就已經彎了，或是在運送過程中遭受了重大外力的擠壓，你要在事後把它扳回來，是非常困難的。如果你是一個容易負面思考的人，可能你生下來的基因就已經如此了，或是你生長的環境讓你變成傾向負面思考。當你長大發現這樣不行，想要改變的時候，你需要學習更多關於心理學與諮商方面的知識，或是，找專業的人幫忙你。當然，你也可以不要硬去改變它，而是採用另一個方法——正念。

◆◆◆

　　正念是一套系統性的方法，幫助你把注意力集中回到當下。

專心在你現在手邊正在做的事情，專心察覺你身體的感覺、心裡的情緒、腦中的想法，然後，不批判。

　　不批判的意思是沒有好壞，沒有對錯，沒有應該與不應該。一切就是這樣，感覺，體會，接受，臣服。

　　不要認為負面思考是不好的，也不需要去轉變負面的念頭；你不用轉念，不用花力氣去扳動鐵條。思考就是思考，沒有正面負面，它就只是個想法。**想法不是真實的，只有當你賦予它意義的時候，它才會變成真的**。也就是說，你只要專注地感覺與體會自己的想法，像躺在草地上看天上的藍天白雲一樣。每一朵雲都是一個想法，雲沒有好壞，是你的價值觀幫它加上了好壞。就算你認為某些形狀是好的，某些是壞的，那也沒有關係，因為雲就是會一朵一朵一直飄過去。你覺得好，它飄過去，你覺得壞，它飄過去；不管怎麼樣，它都會飄過去。

　　我們要練習的，也許不是轉念，而是正念。**專注於當下，了解自己的心智如浮雲，念頭沒有好壞，是我們幫它們標上了好壞**。我們的心智中有各種想法、各種念頭，但只要我們當個旁觀者，它們都會過去。可是一旦我們把念

頭貼上好壞的標籤，高低的標籤，是非的標籤，應該不應該的標籤，它們就會對我們的人生造成指引與壓力，創造出沒什麼必要的煩惱與焦慮。**我們的煩惱來源，全都來自於自己。**

> People are not disturbed by things, but by the view they take of them .
>
> 「人們所以會不安不是因為外在事件，而是受到自己觀念的影響。」
>
> —— 希臘哲人愛比克泰德（Epictetus）

我們可能都不覺得自己是庸人，但我們都在自擾。

《養成好習慣》
正念練習音檔

人生沒有什麼
大不了的事情，
除非你一直去想它。

一定要追求最高階段嗎？

氧氣兒

　　馬克瑪麗你們好──我是一個出社會工作三年多的氧氣兒。從小到大，我的成績都很普通，還好現在大學不難考，平凡的我在不知不覺中也順利從大學畢業了。

　　因為大學主修的是圖書管理系，所以畢業後正職工作沒找到前，我先到一間文青書店打工。這間書店是複合式經營，還有賣咖啡等飲料跟輕食。正職的姐姐離職後，店長問我想不想升任正式員工？薪水不高，不過該有的勞健保跟特休假都會給，只是假日要輪班，還有每日提供一份輕食、一杯咖啡，每月可用員工價買一本書的福利。

　　想不到有這種天上掉下來的工作，薪水是比同學去圖書館等地任職稍微低了一點，但我跟爸媽住，不用付房租，書店離家也不過三個捷運站，我只考慮了一個晚上，就答應去上班了。

在這裡工作的最大快樂是職場的氣氛很好，跟同事店長與客人面對面互動，通常是令人愉悅的狀態。當然有時候也會遇到奧客，但是店長與同事們都會互相鼓勵與打氣，對照我有些遇到不友善職場的同學，我覺得自己非常幸運。

　　就這樣，我在這間書店工作了三年。不過，身邊的雜音開始出現。首先是我的閨密，她是大傳系畢業在媒體界工作，非常關心現在的產業生態。

　　她問我，這三年中有加薪嗎──嗯，是沒有。之前因為疫情，書店能撐過來實屬不易，而且現在圖書業不景氣，書店其實是靠辦活動跟餐飲收入堅持下來的。然後她又問我，既然在店裡有負責煮咖啡、準備甜點，那有想要成為專業的咖啡師或甜點師嗎？

　　呃……這個我真的沒想過。我只是喜歡在書店裡準備輕食給客人的感覺而已，沒有想到以後要單純靠賣咖啡、賣蛋糕來賺錢耶。

　　「難道妳要繼續在這間店上班到 30 歲以上嗎？到時

候我們的薪水可能都是4、5萬起跳了，但妳一直待在這間無法加薪的店裡，永遠領著3萬不到的薪水，妳能接受嗎？我覺得這個工作沒有前景，還是換了吧。」

閨密的說法有點刺激到我──的確，翻看同學的IG，大家不是念研究所，就是去考國考，也有乾脆轉行去大公司上班的，還有兩位同學走上了創業之路，好像我的心態真的太甘於平凡、安逸了。

但是，我在這裡工作愉快，薪水夠用，也把自己身心都照顧得很好。去更有發展前景的公司上班，也許有升遷加薪的機會，但也可能遇到壓力更大、不友善的公司，光是想想就覺得好累、沒動力。

請問馬克瑪麗，你們也覺得工作一定要加薪、往上爬、做到最高階段嗎？享受平淡簡單的當下快樂是錯的嗎？人為何不能選擇永遠當個小螺絲釘呢？

忌：聽別人評價
　　自己的人生

身為在媒體界工作的人，我想請那位大傳系畢業、媒體界工作的朋友先擔心他自己吧。

到底為什麼這麼多人要求人家跨出舒適圈啊？舒適圈很舒服啊，在裡面待著不好嗎？我很滿意現在的生活，很滿意現在的人際關係，很滿意現在的一切，為什麼不能就這樣活著？

　　能夠一直舒服下去的人，我覺得有兩個前提：一是已經知道你未來的人生會發生什麼事情，而且**所有**可能的變化都不會影響到你現在的舒適和滿意；二是你有能力隱身離群索居，過著不受社會評價規範、自給自足的生活。

　　前提一的情況是你有超強的能力，所以你可以想怎麼過活就怎麼過活，因為未來沒有任何事情會難得倒你。像是一出生，爸媽就在戶頭存了幾千萬幾億的信託寶貝，這樣的人可以非常舒服地過一輩子。他的人生在食衣住行上不會遇到任何困難，也不會因為人生要步入下一個階段，開銷突然變大，或是親人遭遇突發狀況需要用錢而左支右絀。他的人生只需要管好他的夢想與欲望就可以了。

　　前提二的情況是，這樣的人可以荒島求生，自給自足；他的工作不用靠別人給，他的價值也不用靠別人認可，可以靠自己活在這個世界上，同時他也不在乎其他人

怎麼想與怎麼評價他。不過從你的來信很明確地知道你不是這種人，因為如果你是的話，就不會提出這個問題。

◆ ◆ ◆

人能不能抗拒成長、抗拒變老，以地球上生命的角度來看好像是沒有辦法，隨著時間過去，生命萬物一定會成熟，然後老去。

這可能是一種宇宙運行的道理。

如果你要逆天而行，你要在某一個時間點決定：「我不要了，我再也不要努力了，我不想要成長了。」那你就有可能在未來的某一天發現，自己卡住了。

如果這個情境很難想像的話，請想像一個國小國中生，他發出了「我再也不要念書」的宣言，因為他覺得每天自由自在，人生享受當下平淡，這才是真正地過活。所以他不再去學校不再念書，當然畢業證書也就沒有拿到。

現在假設你是這位國中肄業生，25 歲，然後你要想辦法讓自己活下去，你能做的工作是什麼？

你的選擇不多，你的人生就卡在這裡了。

也許你會大喊說：「我才不一樣，我是大學畢業生！」

學校只是一種強迫大家一起過日子的機構。在台灣，22 歲之前，大家都有著差不多的路——出生、幼稚園、國小、國中、高中、大學。但人生難道到了 22 歲以後就不再成長了嗎？

我們還是每天變老，每天更靠近自己的死亡，只是現在沒有一個機構告訴你：喔你畢業了，要去下一個階段。

離開學校的我們還是在成長（變老），只是大多數人的學習就此停滯了。所以才會有那句名言：「很多人其實 18 歲就死了，只是到了 80 歲才被埋葬。」

我們可以停下來嗎？

我們可以永遠停在這裡嗎？

我覺得答案是否定的，時間不停往前，未來一直來一直來，有成長的人可以更有餘裕地面對人生，而選擇停在原地的人，就會被時代給拋下。

在我二十幾歲的時候，我享受了十幾年平淡簡單又當

下的快樂，每天午夜做節目，在廣播裡接 Call-in，跟聽眾聊天玩遊戲過得不亦樂乎。

但這個十幾年的節目說停就停，我平淡又簡單的快樂瞬間化為烏有，而且我發現我在職場的競爭力也沒了。同齡人早在職場累積了年資與實力，沒有人會打開一個畢業後十幾年卻還沒社會化的人的履歷。

如果我要工作，我的選擇會非常有限，而且不管在哪個產業都會經歷很長的陣痛期。

或是這樣跟你說吧，沒有跨出舒適圈與成長思維，就沒有你現在聽到的馬克信箱。

因為我們在 2017 年就停了。

你可能會在某間燒肉店看到我在打工，或者我是你家大樓的保全、轉角的便利商店店員，這些是我當年想過要做的工作。

當個小螺絲釘沒有不好，只是選擇十分有限而已。

你想要過什麼樣的人生，你決定在什麼時候停止成長，都是你的選擇。

Chapter2

鳥事永遠說不完
　　　　　　(・・)凸

我嚴重懷疑這人心理變態

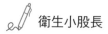 衛生小股長

天啊，馬克瑪麗！我真的快瘋了。我上班的公司廁所每天都有清潔大姐打掃，洗手台上完全乾燥、沒有積水，味道比很多人的還香，還有隱藏式音箱時時播放古典樂。不誇張，我們公司的廁所乾淨到在裡面吃東西，都不會感覺噁心。

曾經我以為自己會因為這間完美無瑕的廁所，每天開開心心地上班。但世事多變化，最近，公司應徵進來幾位設計師跟助理，從此改變了五星級廁所的世界。

不知道是哪位神祕的新同事（我們都懷疑是新人幹的），每天都會在公司的廁所上大號。上大號也就算了，只要沖乾淨不要留下痕跡讓其他使用者感受到，沒人有意見。但這位不知道是先生還小姐，竟然沒有文明人隨手沖馬桶的習慣，而且他的作品每次都是一整條橫陳在馬桶

裡，臭味驚人，然後讓整間廁所都瀰漫著那臭氣沖天的屎味，連公司準備的清香劑都壓不住！

　　我就撞見過一次——一打開廁所門，令人作嘔的畫面直接摧毀我身心，當天中午被迫斷食，一口飯菜都吃不下，導致我現在上公司廁所都有陰影。

　　同事們都在猜，這個大便怪人是怎麼一回事？怎麼可能每次上廁所都忘了沖？還是他（她）是懷有惡意，故意想搞髒大家的廁所？搞壞大家上班的心情？

　　後來，公司的管理部也被投訴得受不了，貼出公告道德勸說，請大家要有公德心，沒想到一點用都沒有。於是管理部只好要大家「實名制」：上廁所都要登記時間跟姓名。但是制度是死的，就像上下班總是會有人代打卡，或漏打卡，大便怪人若是存心要惡整大家，他一定會想出方法躲掉實名制。可是又不能在廁所裡裝監視器，實在是很苦惱欸。

馬克教主神開釋

真相只有一個

　　馬克信箱三不五時就會聽到瑪麗抱怨公司的廁所，因為我們一層樓是跟四間公司一起共用廁所的，而有些女生的衛生習慣超級恐怖。我們沒有辦法從一個人的外表看出誰剛剛讓廁所的💩炸開，經血亂噴，或是像狗一樣在地板上留下自己的尿液。在廁所裡面的人與走出廁所的人完全就是雙面人。

　　每個人都有不得已的時候，忍不住了，來不及了，不小心沒對準，這些事難免發生，但重點是炸完以後你要清啊，你把一個地方搞破壞之後為什麼你不回復原狀呢？這真的是性格惡劣低級到極致的人啊！

不管是什麼原因你覺得你的屁股大腿絕對不要接觸到外面馬桶的坐墊，OK fine，沒問題，你要懸空半蹲的，蹲在坐墊上的，甚至用一些創意姿勢都隨便你，但重點是不要弄髒那個地方啊，或是弄髒了以後你要清乾淨啊，這不是很基本的做人道理嗎？

　　面對無恥的廁所喪心病狂，如果是同公司的，也許可以要求管理部建立一套值日生監查制度，每天輪值日生的人，他的工作都不用做，他就是站在廁所裡負責檢查每一個人用完廁所後的情況。如此絕對可以抓到廁所怪人，或是逼他到其他的樓層上廁所。

　　另一種極端方法是在廁所的門上裝置打卡辨識系統，你得憑自己的員工編號才能進去廁所隔間，一方面杜絕薪水小偷，另一方面只要你上廁所一進去發現狀況不對，馬上回報，如此也可以抓到大便怪人。（請小心保守好你的員工卡，大便怪人為了炸屎一定會到處偷卡上廁所。）

　　如果像我們一層樓有很多不同的公司共用廁所，只能推派正義超人了。同事集資付她請假的薪水，然後請她不

定期在廁所站崗一整天，一有人用完廁所她馬上進去檢查。抓到大便怪人後，拍照留存，記錄時間地點與人證物證，昭告天下。（啊，找徵信社就可以了啦！名副其實的屁屁偵探。）

我現在一想到以後在茶水間遇到就可以當著她的面叫她大便怪人，內心就有某種奇異的快感。會是那位打扮入時的身材姣好的濃妝業務嗎？還是戴著圓圓眼鏡、身形也矮矮圓圓的律師呢？我是不是心理也有點變態？

G8 又愛搞破壞的職場小人

 糯米腸

哈囉，馬克瑪麗，我要來分享遇到職場小人的故事。

年前應徵上一間上市櫃公司，外行人也聽過的，家人那一整個開心啊，沒想到從小功課普通的我，也可以進入有頭有臉的公司上班，總覺得我爸回答各路親戚的詢問時中氣特別十足。

But——事情沒這麼簡單呀，不知道是在哪本書上讀過還是哪個大師開示過，當你感覺自己處於順境當中時，就是挑戰要浮現的時刻。

我進去後沒幾個月，就直接從技術員被提升為「領班」，而這並不是我想要的發展。可能很多人覺得奇怪，職場中有機會坐直升機上升不是很爽的事嗎？But 當領班的意思就是要管人，要給指示，我當下屬的時候就知道帶人很難了，管理者得時時顧慮下屬的心情和團隊氛圍等

等，很讓人心累，為什麼我不能當個只管自己的小螺絲釘就好？

　　但是，既然任務上身，我也只能調整心態，硬著頭皮來當領班。很不幸的是，組裡有一位很 G8 的同事，他比我資深，不知道是不是嫉妒較資淺的我當上了領班，竟然在工作線上作怪，找我麻煩。

　　這個同事有多誇張呢？他因為熟知工作流程與廠內設備，有時就會巧妙地故意增加商品的耗損率，讓我們這組的績效變差（當然目的是想讓我在主管面前難看）。而且他很聰明，不容易讓人抓到小辮子。我怎麼知道是他呢，是有同事「告密」，但這無法有實質證據，我只能私下找他「溝通懇談」。但壞人怎麼可能承認呢？

　　我找人支援有延誤的線上作業，他竟然言語霸凌那些人，讓他們做不下去……聽到同事的告狀，我快要氣炸了，怎麼會有這麼壞、這麼 G8 的傢伙寄生在公司裡？？再讓他囂張下去，我這個領班還要當嗎？

於是我想找告密的同事作證，一起去主管面前舉發他的惡形惡狀，但同事們卻縮了，因為……這位 G8 同事在廠內是有點人脈跟惡勢力的，告密者若曝光自己又不能成功把他弄走的話，以後日子恐怕會很難過。

　　事情到這地步，好吧，我認了，本來就不想當領班，跟主管說我不適任，請把我調走吧。但那前幾天才罵過我的主管竟然反過來安慰我、給我打氣，說很看好我，若有遇到困難跟他說之類的。問題是，我沒證據能跟他說什麼呀？他會信嗎？對於腥風血雨的職場鬥爭我覺得好累。

　　我實在受不了，就提了離職，沒想到，竟然有其他部門詢問我要不要過去──耶，如願換了部門，不用再面對職場小人！天知道我天天跟小人打仗死了多少細胞呀？不用再看到那張討厭的臉，讓我感覺上班都變愉快了！

　　好吧，我其實沒有真的戰勝小人，算是「三十六計，走為上策」，逃走了。不知道馬克瑪麗有什麼「心法」可傳授，幫助我們這些善良的君子打敗小人呢？

馬克教主不太神的開釋

沒有

劣幣驅逐良幣這種說法是有根據的。

當一個公司的文化容許這樣的小人存在，這是管理者的問題。身為吃人頭路的人，我們只能求自保，與有毒之人保持距離，如果沒辦法，就選擇離開。

選擇的權力永遠在自己手上；評估一下如果快樂大於痛苦，就留著，把討厭鬼當成天底下沒有十全十美的工作的副作用。如果痛苦大於快樂，每天上班看到他都覺得好難受，雖然只是一顆老鼠屎，但你就是無法忍住不去注意他，那你就給自己一個期限，在這個期限內學習與實驗各種溝通與轉念的方式，然後在期限到期後，如果狀況沒有改善，那就離開吧。

此處不留爺，自有留爺處。

（那種「為什麼是我走，不是他走」的不甘心非常無謂你是知道的吧，不用我浪費篇幅講「爭一口氣」這種無聊又無用的心智吧？）

白目到讓人又氣又為他冒冷汗

 瑪格麗特

　　嗨嗨，馬克瑪麗你們好！如果遇到了超白目的同事，常被對方搞到不爽、沒有上班的心情，該怎麼辦呢？

　　我是公司裡的法務，工作上常需要與業務合作。最近業務部門來了幾個新人，其中有一位油膩大叔，就是讓我不斷翻白眼的傢伙，我先稱他為「白目男」吧。

　　白目男的第一個特性是「喜歡自作主張」。例如給客戶的合約要送審，他應該拿我們修改後的合約版本去跟客戶溝通，但他常常給我們出難題，用「客戶態度很硬」來壓我們。

　　身為業務員，雖然爭取客戶很重要，但也要抓緊公司底線吧，這可是最基本的溝通原則。結果呢，白目男只想著自己要拿大單，胡亂答應客戶一些不合理的要求，再拗我們通融、幫忙想辦法……先別提這種合約根本不可能通

過，就算我願意放水，主管也不會同意呀，他到底是怎麼想的呀？

白目男的第二個特性是「超不會看人臉色」。我真的很納悶他為什麼能當業務，還生存到今天？他的業績雖然不頂尖，但是也有到平均值，他常說客戶最喜歡他憨憨的很誠懇（？）、很有溫度。不過，就我的觀察，他雖然是熱心，但真是太不會看人臉色了，做越多越討人嫌。

例如他曾經為了跟我打好關係買飲料，有時候我去上個廁所回來，會發現辦公桌上多了一杯手搖茶。但是，重點是，他從來沒問我喜不喜歡那個口味，就算直接說不用送了，而且我也不喝冰的，他還是會自動屏蔽這段記憶，幾天之後，桌上又出現一模一樣的冰茶……我只好轉送給其他同事。

還有！最近，他送了一件十萬火急的合約過來，希望我盡快幫他簽下來。但問題是我的主管出差去了，而經我審核的合約都需要經過主管確認。他沒說清楚到底有多

急、也不問我主管什麼時候回來，感覺就只是想把這件事丟包出去，所以我也懶得多說什麼，按照 SOP 收下，根據既有的流程跑。過了一天，白目男又來找我，問合約處理好了嗎？我告訴他主管明天就會進辦公室了，要等他回來才能簽核。結果他竟然無視公司規範，開始跟我打商量，問有沒有其他主管可以「代簽」。

天啊，他是在跟我開玩笑嗎？我再次明確地告訴他，不可能繞過我主管，他才終於死了這條心，又迅速切換到另一個狀態，一臉羨慕地說：「哇，出差耶，好爽喔！這樣算不算薪水小偷啊？」

他到底在說什麼啊？莫名其妙，這種白目的話也說得出來！難道當法務的只能守在辦公室，兢兢業業地等著業務丟來的合約？沒有其他該做的事？也不能去出差？我真想大聲跟他說：先生，多替別人著想一下吧！

馬克教主神開釋

微笑‧換位思考

　　不知道你有沒有印象，學生時期，班上總是有特別愛照鏡子的同學？

　　他們會放個大鏡子在本來就不大的教室課桌上，無時無刻不對那面鏡子擠眉弄眼。以前覺得這種同學有點誇張，每節下課都要去洗臉，每節上課都在照鏡子，直到現在我才知道，那是一段必要的練習過程。

　　因為主持電台節目的關係，讓我有機會訪問到很多藝人，尤其是剛出道的藝人。其中讓我印象深刻的是偶像這種生物。偶像在成為偶像之前，也是一般人，是之後的機

緣與個人魅力讓他成為偶像的。而遇見剛出道的偶像，是一種很奇妙的經驗。

那個時候的他們，舉手投足都是經過精雕細琢與設計的，雖然外在有偶像的行為，但是還沒有名氣，沒什麼人認識。現在我們知道有「練習生」這種職業，以出道成為偶像為目標，努力從青少年就投入唱跳練習中。除了唱跳練習外，他們需要練習的還包括，微笑。

勾人的微笑，令人心動的微笑，配上眨眼的微笑，笑起來好看到不行的微笑。

笑出讓人心神為之震動的微笑是偶像的工作內容，所以偶像要練習迷人的笑臉。而我們吃人頭路，很多工作技能卻從來沒有人教。其中一種，可能你不知道那也是工作技能之一的就是微笑。

其實我們需要花時間練習回應式的笑臉，在面對同事長官時，回報以友善不失禮的微笑。**這樣的練習不是在應付，而是要讓自己好過**。同樣的一個行為，當我們的出發點轉換了，做起來就會有不同的感覺。

如果你認為：為什麼要陪笑臉，我的笑容很珍貴，我只對我認可的人笑。這個想法就像韓國流行過來的捲瀏海──青少女平時會用捲子把自己的瀏海捲起來，這是為了在遇到喜歡的人的時候，能夠有完美的瀏海示人。她們不在乎所有人看到她的頭上有捲子，她只在乎她能在喜歡的人面前完美登場。你有感受到這種想法的中二程度嗎？當我們已經長大，卻還是保持著中二的想法，那我們的生活會過得不太順遂，也是理所當然的吧。

　　要你笑，現實一點講，是為了增加自己的職場資本，目的性一點講，是為了讓自己快樂與獲得能量。

　　我之前在《養成好習慣》的企劃中花了一整個月的時間談「微笑」這個每個人都能做到的簡單習慣。大腦分辨不出假笑與真笑，只要我們笑，大腦就會送出一大堆讓我們心情變好的正向神經傳導物質，更別提當我們笑了，世界也會因我們微笑而回報以微笑。我們應該學習偶像的精神，用微笑面對一切，並且有意識地提醒自己微笑。

> Happiness is not by chance, but by choice; it is something you design for the present.
>
> 「幸福不是偶然的，也不是你希望的那樣。幸福是你設計的結果。」
>
> —— 商業哲學家吉姆・羅恩（Jim Rohn）

接下來，讓我們帶著愉悅的心情、微笑的嘴角換位思考，以那位被說是「白目的業務員」角度重看這封信吧：

我是公司裡的業務，工作上常需要與法務合作。由於我剛進公司還是菜鳥，年紀又已經中年，總覺得跟法務部門的妹妹相處不太起來。其中有一位特別讓我感到挫折的人，我先稱她為「臭臉妹」吧。

臭臉妹的第一個特性是「一板一眼」。例如給客戶的合約要請她過，她總是要求我拿法務部門的合約去跟客戶溝通。廢話，一開始我當然是用公司法務的合約去簽啊，誰會沒事自己找事寫出一份新合約來啊？妳以為寫合約改合約很簡單嗎？我會自己寫自己改的話，我就不是當業務而是當法務了啊。但客戶就是不過嘛！你怎麼可能拿著公

版合約去要求每個人都照你的想法簽約？客戶一定有他們自己的想法啊，那合約的來回就必須再請法務看過。可是我去找她的時候她常常擺臉色，就算我跟她說了「客戶的態度很硬」，她也一臉不相信，斜眼質疑我能力的樣子。

雖然公司的原則很重要，但爭取客戶才是第一優先吧，這是商業邏輯最基本的常識吧？沒有業績、沒有營收，公司哪來的錢付你我的薪水？結果呢，臭臉妹只想著自己方便，每次都打槍我的送件，她擺明了就是怕麻煩，不想上呈，不想花時間溝通讓案子能夠順利通過。我真的心好累，對外要面對難纏的客戶，對內要面對更難纏的臭臉妹，在這樣的環境下要談到業績真的是難上加難。

臭臉妹的第二個特性是「超級自我中心」。我為了自己的業績和飯碗，想說總是要先安內再攘外──所以想跟臭臉妹打好關係。

雖然之前的來回常常搞得兩個人都不太愉快，但我覺得我可以先從自己做起，先幫她帶個飲料展現我願意示好的心。我不知道她喜歡喝什麼，反正就是跑完業務回公司的時候順手幫她帶一杯。有時候她不在位置上，但她回座

後就會發現我帶給她的手搖茶了。

　　這樣算是有心了吧，沒想到她完全不領情，直接冷冷地說不用送了、不喝冰的。哇，我沒有想到對公司同事也會像對外跑客戶一樣碰這麼硬的釘子。不過沒關係，身為一個專業的業務員，如果被拒絕，那肯定是我努力不夠，我會再接再厲，做到她態度軟化為止。

　　最近，我有一件十萬火急的合約，需要法務幫忙盡快簽下來。但她說她的主管出差去了，沒辦法確認這份合約。她也沒說主管去哪裡，多久回來，感覺就只是想把這件事兩手一攤放著。看她這樣我也沒辦法，只能先請她收下，拜託她盡快給我。

　　結果過了一天，完全沒有動靜，我只好硬著頭皮去找臭臉妹，問問合約處理好了嗎？她一直跳針跟我講SOP，說她都是根據既有的流程，主管明天就會進辦公室了，要等他回來才能正式簽核。可是這份合約真的很急，所以我就問她有沒有其他主管可以代簽。

　　結果她用不可置信的眼神瞪大了對我說，她不可能繞過她的主管去找別人簽核。為什麼？我們業務部的主管們

都會互相幫忙，有人請假也會有職務代理，怎麼可能會有人出差了他的工作就停擺這種事發生呢？擺明了就是臭臉妹不願意幫忙，拿出規矩當自己不想多做事的擋箭牌，一點變通的能力都沒有。

我看她完全沒有要動的意思，只好剾洗[1]（khau-sék）她幾句：「哇，出差耶，好爽喔！這樣算不算薪水小偷啊？」

唉，我以為法務是要維護公司權益、炮口對外的，沒想到最為難的是自己人。坐辦公室的是不是覺得業績會從天上掉下來，還是覺得業務員的命都很賤，得像哈巴狗一樣求客戶，客戶求完還要回頭求法務。我真的很想大聲跟她說：小姐，多替別人著想一下吧！

《養成好習慣》
微笑專題

《養成好習慣》
換位思考

1　台語「挖苦」、「諷刺」的意思。

資深老屁股是太極高手

 傑夫

嗨,馬克瑪麗好,我想跟你們分享上班遇到資深老屁股的經驗。

我進入這間知名上市櫃公司至今第九年,不久前,我如願轉到另外一個部門。新部門的主管好、同事好、工作職務也重要,唯獨有一個不好,就是那位資深的「老屁股」。而偏偏,就是那個 But,是由他把工作交接給我。

我們公司的新陳代謝快,員工升遷的速度也算快,有些長期升不上去的人就自動離職了。到了新部門後,這位萬年升不上去的老大哥在每次週會報告的時候,我聽他支支吾吾的口條,都想尻爆他的頭。雖然他沒犯什麼大錯,但總是讓一起工作的同事「心很累」。我們部門負責開發與管理 App,但他永遠只跟我說一些虛無縹緲的大方向,不會實際帶我跑流程。而且他不僅不會說話、不會帶

人，姿態還特別高，因為年紀比我大比我資深，講話時常常用鼻孔對我說：「我希望你有問題就現在問，別之後搞不懂再來問我，這樣會耽誤大家的時間，you know ？」

　　靠，我從小就是個勇於發問的人好嗎？最搞笑的就是當我問他問題後，他卻回答：「這個齁，我現在告訴你你也不懂啦⋯⋯」於是我也只能靠自己。但是舊的系統架構亂七八糟，我真的沒辦法理出頭緒當初是誰寫出這些奇妙的程式碼的。可是硬著頭皮去問他，他卻總是「實問虛答」，讓我覺得「天啊！誰來救救我」。

　　總之，雖然很想嗆爆老屁股同事，但我目前還在這場渾水中打轉。我現在就是盡我的努力把這套系統上手，重新改寫過，然後好好維護這個版本。遇到這種臉皮厚又雞巴的同事你能怎麼辦？只能練「忍術」，盡量專注自己的工作別被他的負能量影響情緒。我想他也不會羞愧不會反省，死巴著這個職務，大概除了公司狠下心叫他走人，他會在這裡蹲好蹲滿直到退休。我會加油的。

馬克教主神開釋

找到自己的生存之道

　　我最喜歡的情境喜劇《追愛總動員》（《How I Met Your Mother》）中，有一集提到了職場生存之道。雖然聽起來有點荒謬，但我覺得我們應該三不五時用那樣的思考方式來自評一下。

　　主角之一因為很擔心在競爭激烈的職場被裁員，所以問了他混得風生水起的朋友該怎麼辦。他的朋友叫他觀察一下辦公室，是不是每個人都有一個屬於他的稱號跟位置？專門在會議中提供食物的叫 Food guy，還有一個辦公室擺滿玩具的，正事講一講就可以玩起來的 Toy guy，或是很會幫人搶票的 Ticket guy。因為他們找到了他們在

職場上的定位，能夠提供服務與價值，所以要裁員時，不會從他們下手。

以上當然是喜劇設定，事實上要炒魷魚的時候這些人一樣會被炒，但我們可以用這樣的方式來想一想，我在這個辦公室裡面，在這個團隊裡面，扮演什麼樣的角色？有什麼事情是這個團隊少了我以後，團隊就無法運作的？我對這個團隊的貢獻是什麼呢？

如果我們可以找到這個位置，一個特殊不可撼動且不可或缺的位置，並且把這個位置占下來，那我們的職場生活就會過得比較安穩無虞。

你也許看不起老屁股，可是他有可能是找到了生存之道的人。你覺得他的職責應該是把他負責的 App 用好，而不是放著現在這種邏輯混亂的怪物不管。你可能發現他根本不懂新的程式語言，甚至不會寫程式；**但你要想的不是他為什麼不會這些事情，而是他為什麼會在這裡。**你要想的是這個 App 既然對公司這麼重要，這個組織又負責

開發跟管理這個 App，為什麼會留一個沒有能力的資深員工在這裡？

　　他是不是有祕密的任務？還是他得知了某些不為人知的事情，所以沒人敢動他，或是他是皇親國戚？也有可能他的存在可以讓整個組織裡的人都覺得自己比較聰明，是個隱性的接合劑，有了他以後的團隊可以運作得更順暢。他可能獨占了一個很特別、很特殊又不可或缺的角色，但目前剛進去你可能還沒發現，又或者你從來沒有想過要去發現——原來每個人都有一個這樣的定位。職場的道理是：**當你的定位不明確，你的工作就不順遂。**

　　只要你看懂組織裡面的「局」，每個人的定位跟人際關係後，你在做事時，目光就不會很單一，以為只要把手邊的工作做完就可以獲得讚美與升遷。

　　道家的思想是，看得到的東西也許沒有你想像的那麼重要；而看不見的東西，那些容易被人所忽略的東西，才是我們真正要體會的。因為這個世界真正在運作的，是那些背後看不見的「道」。

尋找道，觀察環境中一切細微的互動，找到自己的生存之道，你會過得更如魚得水。

遇到慣老闆怎麼辦？

 雞寶

　　哈囉，馬克、瑪麗兩位好。我叫雞寶，出生在一個「書香世家」，爸媽跟爺爺奶奶不是當公務員就是當老師，他們一致覺得軍公教是天底下最穩定、最有保障的工作，所以我在大學還沒畢業的情況下，就被長輩要求開始準備國考。

　　不過呢，可能是我資質比較駑鈍，每天全心全力準備考試，補習班也乖乖報到，卻槓龜了一年又一年。大學畢業後第三年我還是落榜，這打擊滿大的，長達一個月沒有走出家門。有一天看到阿姨在家族 LINE 群分享一篇新聞報導，提到日本的繭居族現象，媽媽回應了一個哭哭的貼圖……我突然意識到，雖然爸媽沒有明說，但他們該不會擔心我變成繭居族、啃老族吧？

　　於是，我開始打起精神來找工作。還好沒有花太多時間，我就在離家不遠處的一個小廣告公司擔任文案寫手的

職務。這家公司只有 3 個人而已，就是老闆夫婦跟我。

　　我主要的工作內容雖是生產文案，但老闆也希望這個職位的人也要會影像處理跟影片剪輯，支援粉絲團跟 IG 的小編工作（這本來是老闆娘的工作，但她電腦不好）。我大學時剛好有經營自己的 YouTube 頻道，所以本來就會影像處理，只是覺得自己怎麼像「一物多用」的員工，工作感覺沒有範圍，薪水過了試用期也沒有增加？

　　悲劇的導火線是一個商品廣告的企劃，老闆要求我在很短的時間內產出文案。其實我寫的文案之前就很常被挑剔，因為他總是無法第一時間就把需求說明清楚，等收到文案之後才會開始說這個「風格」不是他要的。老闆的解釋是：「因為我是風象星座，想法一直在變動呀。」

　　想當然，商品廣告的文案又被老闆嫌得亂七八糟，還要求馬上修改，讓我很火大。這時的我已經動念要寫辭職信了，中午不想再花休息時間來改那篇號稱「十萬火急」的文案。於是，我慢條斯理地吃便當、看 YouTube，結

果，當天下午就被老闆叫進小房間，我被 Fire 了。

　　當我聽到他要我回家吃自己時，內心有種「終於得到自由」的吶喊。老闆娘叫我去領薪水時說她很捨不得，因為我的工作態度很好，她把我當自己人，但老闆完全聽不進別人意見，一年內已經換了 3 個員工了！

　　不過，透過這次的經驗，我發現自己其實滿喜歡寫廣告文案的，離職之後也打算找類似的工作。現在唯一比較擔心的是，如果又遇到一些要求不說清楚、喜歡到處嫌的主管該怎麼辦呢？我可不想做沒多久又要離職……馬克、瑪麗，請你們指點一下迷津吧？

馬克教主神開釋

自己的人生自己負責

雞寶，以及世界上千千萬萬個雞寶你好，我有兩個想法想跟你分享：

一、關於你要做什麼。

二、關於你要怎麼做。

上一代把我們生下來，養育我們，給予我們成長的方向與意見，但是請知道，他們說的，不一定是對的，不一定是適合我們的。

長輩的意見通常來自長輩的成長經驗與觀察，但那些

經驗與觀察，都是過時的。在我小的時候，很多父母把孩子送去念音樂班、美術班、體育班，那是因為在他們的年代，學音樂的人未來可以當音樂老師；而有錢人家都會送小孩學音樂，所以他們認為孩子走這條路可以穩定且收入豐厚，甚至過上有錢人的生活。有些父母則是把家庭的重擔放在孩子身上，覺得孩子好好打球，出國比賽拿獎金，長大以後打職棒，可以賺錢幫助改善家裡的生活。

這些想法你現在看起來，是不是覺得有點奇怪？

別說音樂老師了，因為少子化，現在連一般老師都沒有職缺；而運動選手的路，撇除辛苦不說，天時地利人和的機緣是難以複製與預測的，在成為選手的路上，不是每個人都有機會被看見，不是每個人都能發光發熱。

現在當紅的東西，未來熱潮會退去。戰後台灣由於師資缺乏，所以各地廣設師專、師範學院，希望培育出更多的老師。制度上也給予老師許多福利，希望人們選擇老師作為職業志向。50 年代出生在台灣的人，當上老師，這輩子都會過得非常舒適。沒有當上老師的，會怨嘆當年怎

麼沒有把書讀好，羨慕功課好的同學們可以去當老師。老師在他們那個年代是個如此有吸引力與光環的職業，於是他們自然會叫在 70、80 年代出生的孩子，去當老師。

但是 70、80 年代的人如果真的聽從了 50 年代長輩的話，你會成為流浪教師，或是，不再有月退俸 18% 福利的老師。

如果給意見的人不是成功人士，那麼他們的意見只是他們對「如何成為成功人士」的想像。那種意見是一條他們自己也沒走過的路，是一種不滿意自己吃的東西，然後看別人碗裡好像都比較好吃的心情。當我們沒有親自喝過那杯水，我們就不會知道那杯水的溫度到底是冷還是熱，冷是有多冷，熱是有多熱。

如果給意見的人是成功人士，你也要知道：一、他的成功是不是你要的成功——你們對成功的定義是否一致。二、他的成功有其時代背景，而那樣的背景能否在現在的環境下複製，還是會像上面的舉例一樣，把你帶入一個死胡同。

在我讀書的年代，傳播學院的分數非常高，有很多人想投身大眾媒體當記者電視人廣播人。我就問現在看書的你，還聽廣播嗎？

　　傳統媒體已經式微，大眾傳播媒體是 20 世紀的奇蹟，而這份奇蹟的光輝，在進入 21 世紀後，只能靠著舊時代留下的紅利苟延殘喘了。

　　時代不斷的變動，我們永遠沒有辦法知道未來，所以真的不要聽上一輩的建議去選路。**我們自己的人生要由自己負責，過一個有選擇的人生。**

　　分享一段「大人學」Joe 的 FB 臉書文字：

大部分人終其一生都沒有真心喜歡過什麼
每次都只是拿下當時手邊最順手的那個選擇
- 學生時代分數到就去念
- 工作還能應付就做
- 薪水福利還可以就繼續
- 找個客觀條件最好的結婚

- 匆忙買個還可以將就的地方

- 大家都說該生小孩就生

- 好像養得起就多生一個

結果到了 35 歲，這人突然覺醒過來：

「我在幹嗎？我在哪裡？我是誰？」

這時候才突然想做最後的奮力一搏。

其實沒有想法的話，一路安分守己多半也沒事。

但某天突然想做點什麼，卻又一路沒積累：要眼光沒眼光、下注策略很差、能力技術也普通、甚至上班態度根本也有問題，其實一路隨意選擇的話，到三十五歲多半就已經是卡住了。

然後自己亂動亂掙扎之下，常常連最後一點餘裕也用光了。

這樣的案例總是讓人覺得為難又可惜。

　　當我們沒有思考「我想過什麼樣的生活」、「我要怎麼過上想要的生活」，當我們的人生只是聽從長輩安排，隨波逐流，我們會在活到某個時間點後驚覺：「我不是在活我的人生，我的人生不是我的人生。」而那樣的人生，

是有點令人難過的。

◆◆◆

　　最近在讀《馬斯克傳》。前面的三分之一在說馬斯克的個性多惡劣、多糟糕。從生長的環境很惡劣開始，爸爸情緒陰晴不定很惡劣，到他創業對員工很惡劣、對老婆很惡劣；長大以後試著對爸爸好，但最後還是對爸爸很惡劣。只要跟人有關係的事情，他好像都處理得不太好。不管怎麼看，馬斯克在做人上都是一個很糟糕的人，偏偏這樣的人又喜歡出鋒頭、喜歡坐大位掌權管事，所以很多人無法與他合作，共事過程覺得難過，最終鬧得不歡而散。

　　早期特斯拉 Model S 在設計的時候，第二任的設計師法蘭茲・馮・霍茲豪森（Franz von Holzhausen）是一位非常特別的存在，因為他竟然可以跟馬斯克和平共事！他找到了跟馬斯克相處的方法。

　　跟一般設計師不一樣，他不用設計草圖去跟馬斯克溝通，而是先找了幾個雕塑家，直接把模型1：1地等比例建起來；然後當馬斯克要來的時候，就把模型車推出去，讓

馬斯克可以親眼看到實體，直接在模型車上討論做調整。

在知道馬斯克的惡劣性格與他如何慣性羞辱人後，這段軼事就如同汙水裡的蓮花一般清新。霍茲豪森到現在都還是特斯拉的設計師，繼續設計出了 Model Y、Model X 與 Cybertruck。他給我的啟發是：也許你在職場上，必須面對主管跟老闆，然後你的主管與老闆就像馬斯克一樣，喜歡釘報告的人，喜歡讓人難過。不管你做了再充足的準備，他都可以天外飛來一筆地否決你所有的努力。你的上級可能沒有馬斯克天才（肯定沒有），但他任性與羞辱人的能力，可能有過之而無不及。

如果我們熱愛我們的工作，且這份工作又為我們帶來意義與成就感，唯獨不開心的地方就是同事與老闆這類人的相處。那也許我們可以想想，是不是改變一下跟他們溝通與做事的方式，**放下自己的習慣，為他嘗試不同的方法，也許可以意外地打開與他們共事的開關，讓自己的工作更舒服愉快。**

我的工作是接案型的工作，每個不一樣的案子就會接

觸到不一樣的人。有些人會讓我覺得很煩很難以溝通，但很有可能是我沒有找到與這個人共事的模式。如果我可以調整自己，找到對方的習慣模式，用他喜歡的方式溝通，那我們的工作與溝通都會變得更加順利。

　　這有點像我在廣告配音的過程，一開始我不知道客戶要什麼，所以只能憑自己的直覺跟本能去試。在第一次試出的成果給客戶聽，然後接受對方的回饋之後，我就大概可以猜想他是什麼樣的人，他心中想要的是什麼樣的聲音。有了這樣的方向後，我就可以調整我自己，朝他想要的方向前進，最後成功地完成這個配音案子，開發票、拿錢、說再見。

　　職場上有很多的不順與不開心，來自於你搞錯了你為什麼在這裡——你是來為別人工作的，你是提供服務的，你存在這裡的目的是把事情做好，而不是展現自我。

　　每個人都有自己習慣做事的方式，也都希望別人能夠配合自己的做事方式，但這就是溝通成本發生的地方。只要更柔軟一點、更像水一點、更不計較一點，以完成工作

為最主要的目標，我想事情都是可以很順利解決的。

當然，遇到那種得寸進尺、不斷去挑戰你已經退讓的原則與底線的人，你也有權力選擇離開，不與他糾纏，不繼續為難自己。在持續嘗試與放棄離開之間，就是判斷力所在的地方。

願我們都能學習更多種、更不同的做事方式，而不是死守著自己的「原則」與模式，一旦別人不順你的意，就覺得人家是笨蛋。

很有可能在別人的眼中，笨的是你。

但其實大家都不笨，只是自我意識太重，沒有意識到，或不願意放下自己的執念。

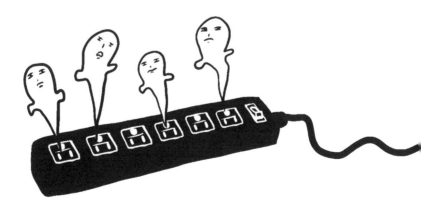

CASE 6

有錢了不起嗎？

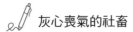 灰心喪氣的社畜

馬克瑪麗你們好，我的工作是某運動俱樂部的櫃檯，這份工作可以讓我接觸到很多名人和高社經地位的人士。有時候會遇到一些色色的外國客人開黃腔，不過由於我聽不懂他們說的話，所以這些事都是同事跟我說的。

名人中有些人個性很好，非常客氣，但也有那種愛嫌東嫌西，不把服務人員當人看，眼睛鼻子長在頭頂的人。我曾經遇到一群貴賓，就因為我們奉上的茶水不夠熱（客人說要「常溫茶」，那到底為何又嫌「不夠熱」？）結果我跟主管被罵到要跪下來請她息怒的程度。遇到這種客人，我真的是頭跟胃跟心都在痛，但還是要忍耐、戴上「微笑」的假面具來服務……唉，在社會上要討一碗飯吃怎麼這麼難。

大家也別以為名人、有錢人就很大方喔。我們俱樂部尾牙時會向會員募集禮物讓員工抽獎，當然不是強迫的。

結果有位董娘提供了水壺，那就算了，打開來發現是用過的！而且裡面還裝著水，是把我們當成資源回收中心嗎？實在很侮辱人欸！

馬克教主神開釋

你沒辦法控制別人，
你只能控制自己

　　這個世界上有有錢人，有沒那麼有錢的人；有個性好的人，有個性沒那麼好的人；有有名的人，有沒那麼有名的人；有會為別人著想、會換位思考的人，有沒那麼會換位思考的人。**我們不知道我們會遇到哪一種人，但我們可以決定自己要當哪一種人。**（就算我們不是有錢人、不是有名人，可是那不會也不該影響我們的選擇與行為）

　　我需要停下來解釋一下嗎？好，我解釋一下好了。

　　如果一個人的行動依據是因為「我有錢，所以我可以怎麼做」、「我有名，所以我可以怎麼做」的話，那我希

望有這種想法的人，一輩子都得不到財富與名聲。

　　為什麼？因為有這種想法的人，一旦得到他們想要的，會變成很可怕的人。

　　名利只是身外的附加物，不是決定一個人內在品格與特質的東西。當我們被人意識到、被人介紹的方式是：哦，他是名人，他是有錢人，那代表了兩件事：一、這個人對我們的認識只停留在表面；二、我們給人的印象只有表面。也就是說，被認為是有錢人、有名人的我們，窮得只剩下錢，貧乏到只有外在的虛名。

　　我知道看到這裡一定有些人會覺得：你在說什麼？我現在這麼窮、這麼沒沒無聞，能夠當有錢人有名人，我去廟裡還願都來不及了，你少在那裡打高空，說些虛無縹緲的漂亮話。

　　現在我們來做一個有錢人與好人的假兩難選擇題：我們都希望自己是又有錢又善良的人，對吧？但今天要你在這兩個選項中擇一的時候，你會怎麼選擇呢？

　　在這樣極端的選擇中選擇有錢的人，你有看到自己為

了外在的錢財放棄了什麼嗎？你放棄成為一位善良的人。而不善良的人有辦法得到內心平靜嗎？沒有辦法。如果偏偏你又是目的性極強、辦事效率高、行動力超群，還有著聰明的頭腦，交上了好運，你會成為你想成為的人，只是這一路上的過程，不曉得有多少生靈會受到你的傷害。

很有趣的是，我們希望這個世界上所有人都是善良、尊重彼此、善於換位思考。我們不會希望這個世界上所有人都是有錢人、名人；但是，我們卻又希望我們自己可以變成有錢人、有名人。而當自己不是的時候，我們又以道德上的濾鏡去檢討別人——你看那些頤指氣使的有錢人、小氣的有錢人，那些動用關係獲得特權的名人、說錯話做錯事的名人，公眾人物的言行應該要被放大檢視。

這樣分裂的想法造成了很多情緒波動：當我們遇到有錢有名，但是不善良的人的時候，我們會覺得怎麼有人這個樣子，這種人也太惡劣了吧！但其實他們的惡劣，不是因為他們有錢有名；他們惡劣，是因為他們本來的個性就是惡劣的人，財富與名聲只是放大了他們的本質而已。

回到我想說的，當我們遇到惡人，我們會不開心。可

是身為服務業，我們總是可能會遇到奧客。因為世界上就是有那樣的人。如果不幸這樣的事發生，我們能夠做的，就是**好好照顧自己的心情**。

◆◆◆

《養成好習慣》中曾經有一集談到：「情緒浪潮襲來的時候該怎麼辦？」

前一陣子，我收到了一個 IG 的 Reels。那部影片已經有超過千萬次的播放。是一個國外的國小老師，他班上的小朋友因為一件小事而有了情緒，他把他處理的過程記錄了下來。

當時他們要繼續上課，請小朋友圍成一圈。在老師準備開始教課的時候，發現有個小朋友躲在桌子底下，把頭埋在雙膝之間，這位小朋友很不開心。

老師看到以後，就把那個小朋友叫來說：「來來來，怎麼了，你發生了什麼事情？」

小朋友跟老師說：「另外一個小朋友騙我，他騙我，我沒有做任何事情，可是他說我有做。」

老師馬上問：「OK，那你有惹上麻煩嗎？你沒做，但他說你有做，這件事情有讓你惹上麻煩嗎？有讓其他小朋友不信任你嗎？或是有讓其他大人責罰你嗎？你有惹上麻煩嗎？」

小朋友回答：「沒有，沒有。」

老師繼續問：「那你為什麼生氣？你幹嘛生氣？」

小朋友說：「因為我不希望他騙我，我不希望他這樣指責我。」

接下來，老師問：「好，那你知道事實是什麼嗎？別人說你有做，可是你沒做，所以你知道事實；事實是你沒做，你知道，對吧，你知道。」

老師又繼續問：「那你可以控制其他人嗎？」

小朋友搖搖頭。

是的，我們沒有任何權力去控制其他人。**別人要怎麼說我，別人要怎麼對我，那都是別人的權力，我沒有辦法去控制。**

常常，我們會有些情緒問題，都是來自於遇見這樣的人。例如高壓的父母，他們認為我們是他們的副產品：你是我生出來的，所以你要 100% 地服從我。當你服從，你就成為他們幻想世界的共犯。他們會覺得：沒錯，世界就是這樣運轉，你要聽我的。

　　例如高壓的主管、老闆，例如情緒勒索的另一半、朋友……有些人的幻想世界，甚至擴大到對服務業頤指氣使，覺得世界上所有人都要聽他的，他是客人，店家要「以客為尊」。

　　這種人就是完全搞不清楚，一個人對其他人其實是沒有控制能力的，但是他們覺得有。是什麼原因讓他們覺得有，讓他們持續活在這樣的誤解與幻想中，就是有人會持續地配合他們。所以他們的錯誤信念一直沒有遭受到矯正，他們也一直認為自己是可以這樣對別人為所欲為的。

　　我們都是一個個成熟獨立、有自己判斷能力的個體，我有我想做的事情，我有我自己的需求，我應該要先顧好自己，先把我每天該做的事情做完，然後朝著我想去的方向前進。這是我們人生的目的——體驗這個世界，成為自

己想成為的人。

而當有另外一個人跑出來說：「嘿，你全部都要聽我的。」那我們要做的事情是什麼？

劃清跟他的界線，因為我們沒有辦法改變他。當有人試圖要控制我跟改變我，我也有權利與義務讓自己不要被他控制。為什麼我必須乖乖就範？我的人生是我的，我為什麼要聽你的？

當然，這中間一定會產生衝突，因為對一個想要控制人的人來說，他覺得「我控制你是天經地義」。現在當你想反抗，你是必須要做出一些犧牲的。所謂的犧牲，假設以剛剛舉例的職場關係來說好了，你的犧牲，可能是你會失去工作。

你可能還是希望有工作，你可能是個不喜歡衝突的人，但如果你想讓你的人生，可以朝著想去的方向前進，那麼這樣的衝突在所難免。而且也不應該逃避跟避免，否則你每天都被籠罩在這樣的地方，活在壓力與焦慮之下，你不可能快樂與開心起來。

回到這個小學老師的故事。老師又問：「OK，那你能控制其他人嗎？」

這個小朋友就說：「嗯，不行。」

老師繼續問：「你可以控制誰？」

現在的你，也可以跟著回答這個問題：你不能控制別人，你可以控制誰？

你自己，沒錯。

所以老師又再重複了一次：「你沒辦法控制別人，你只能控制你自己，而且你也知道事實是什麼，所以現在我想要你重新奪回你對你自己的控制權，好嗎？」

老師使用了一種叫做「pretzel breath」（麻花呼吸）的方法。做法是把你的雙手伸直，相反著交叉，然後往下往內轉到胸前來，就像一個麻花一樣。現在，你也可以放下手邊的書，把自己的雙手反交叉，轉成麻花，然後做三次的深呼吸：

深深地吸氣，呼氣。

再一次，吸氣，吐氣。

再一次，吸氣，吐氣。

現在你是不是覺得，比較開心、比較快樂，比較放鬆了呢？

最後，老師請這個小朋友跳一段舞，因為這個小朋友喜歡跳舞，所以老師就請他跳舞，並說：「來，來，來，我們來跳一段你喜歡的舞步。」然後這個小朋友就跳跳跳跳跳，藉由身體的運動，他就從難過沮喪的情緒浪潮當中，浮起來了。

◆◆◆

我們現在都已經不是小朋友了，但是還是常常會被情緒浪潮淹沒而感到無力沮喪。下次當你發現自己又因為遇到奧客爛人而覺得不開心的時候，請當你自己內在小孩的老師，做出你的麻花手，然後把手轉到胸前來做三次的麻花呼吸。光是深呼吸，就可以讓你感覺到非常非常地輕

鬆，然後，去做點簡單的讓身體動起來的運動。你會發現，那些情緒馬上就會退潮，你很快就會浮出來，回到平靜的自己。

我們能控制別人嗎？

不行。

我們可以控制誰？

自己。

你能控制別人嗎？

不行。

你能控制誰？

自己。

那請你記得好好當個國小老師，你自己內在小孩的國小老師，好好領導你自己吧！

知

Chapter3

就是忍不住比較

職場的內心不平衡

 假面人

　　哈囉，馬克瑪麗晚安──今夜我又加班到現在才回家，也終於有空檔寫這封信給你們。再過 2 天我就要過 30 歲生日了，你們可以先祝我生日快樂嗎？

　　想請問你們 2 個困擾我很久的問題。之前曾經有一段心情不斷下墜的日子，過程中突然意識到自己長年戴著面具，維持著脾氣好、善體人意的暖男人設。事實上，我超沒耐心、脾氣暴躁，遇到機車、愚蠢、不公不義的人事物都會很想暴走翻桌！但是，怎麼可能用這種真面目走進辦公室，呈現在同事、主管面前呢？

　　第一個問題是，我有可能摘下假面具，以更真實的自己面對社會，又不會被人討厭嗎？難道在職場裡混口飯吃，就一定要戴著假面具過著自欺欺人的生活？

　　第二個問題，跟我一個同事有關。

　　我們部門有一個非常愛拍馬屁的傢伙，就叫他馬屁精

好了，他言語間全都是極盡諂媚的奉承，工作沒什麼能力，但最後升官加薪的都是他。明明是個只會拍馬屁的普通人物，但是經理就愛吃那一套、最重用他。馬克瑪麗，請問我該怎麼調適自己的心情呢？

馬克教主神開釋

看懂局背後的涵義

　　關於第一個問題，榮格的理論認為人在不同的社交場合會表現出不同的形象，就像戴上不同的面具；而各種面具的總和就是「人格面具」。藉由面具，我們可以展現出符合社會期待的一面，給予他人好印象，以便得到社會的認同。斯文、親切、有禮，健談、風趣、聰明，積極、進取、有行動力，效率高、EQ好、有條理。

　　可是我們實際上不是這樣的人，沒有人是如此地完美無缺。為了裝扮成這樣的人，我們會把不被社會價值期待的那面隱藏起來：小心眼、悲觀、拖延、懶散、粗俗、隨便。有些人甚至有著無法對人說的欲望，詭誕的性幻想，

想要傷害別人的衝動，變態的心理。這些面向會被我們的人格面具壓制，它們就像怪獸一樣，不見容於我們的意識。我們會試圖無視它們、對抗它們，假裝它們不存在。

　　如果把人格面具比喻成富麗堂皇的建築、乾淨整齊的街道，那些不被人所接受的幻想就是藏汙納垢的排水溝與下水道。它們必定存在，無論表面的市容多麼光鮮亮麗有朝氣，再怎麼明亮的城市也一定需要糞管與汙水處理。凡有光的地方就有影，相對於光明的人格面具，那些不可言喻的，榮格稱之為「陰影」。

　　人格面具對於人在社會上的生存來說是必需的，它使我們能夠與各式各樣的人們交際；我們沒辦法選擇自己的同事，沒辦法決定在工作場合遇到的人，**如果不得已必須要與討人厭的人共事，人格面具可以確保我們維持專業、避免衝突。**對我來說，職場上最重要的一件事是拿到薪水，如果要持續地拿到薪水，一個很簡單的方式是你持續地提供顯而易見的好表現。也就是說，我覺得上班有一個很明確又清楚的目的——Getting things done，把事情做完、把事情做好。

當你戴上人格面具，你可以比較輕鬆容易地把工作完成。討人厭的同事、衛生習慣差的同事、飄出惡臭的同事、打字太大聲的同事、聊天內容讓你皺眉頭的同事，這些人、這些事，一點也不重要。因為對我來說，**上班最重要的事情就是把事情做完做好，然後拿錢走人。**（理想上是這樣啦，但陰影的吶喊是：我要當薪水小偷，我要當薪水大盜，我要錢多事少，我要舒服又閒，我要輕輕鬆鬆升官發財！）

　　在節目中超常接到 Call-in 的聽眾打電話進來尋求幫忙，說同事很噁怎麼辦，同事很吵怎麼辦，同事很臭怎麼辦？唉，必須長時間與不可愛的人相處，很煩是一定的。但是我們也要知道，老闆付錢請人上班，他的首要目標不是要造福大眾，打造幸福企業，讓我們舒舒服服地過日子欸。以商業公司來說，老闆的目的很簡單，賺錢，更有經濟頭腦一點的，是在追求利潤極大化；他請員工是要找人來為他賺錢的，不是找人來抱怨的。

　　所以你有什麼陰影魔障，你對世界有什麼憤怒與不

滿，請留在你的私人時間吧。在職場上，請掛起假面的微笑，穿起專業的衣裳，扮演好團隊合作的角色，把事情做好，然後領錢走人。

如果你的工作環境太糟，工作壓力太大，讓你得時常加班，侵占私人時間；或是你為了領這份薪水而身心俱疲，把大半的錢都拿給心理諮商師了，那你可能真的需要換份工作。請你回到（第 56 頁的 QR code），好好評估一下自己的情況，不要因為懶得換環境而勉強自己。不要吃垃圾。

關於第二個問題，當我們看到了其他人的吃相難看，卻還是活得風生水起，心中難免會生起比較心：憑什麼他可以這樣？他做得這麼過火為什麼沒有人要揭穿他？

以我自己的經驗為例好了，頭銜明明一樣都是主持人，可是宣傳會大小眼，自己公司的同事也會大小眼。名人有名人的光環，就算他訪問亂訪一通，明顯地失職沒做功課，而且不是一次兩次，是幾乎每次，大家卻都出乎意

料地買單。但是我能不能看他這樣亂做，所以也有樣學樣跟他做一樣的事呢？抱歉，不行喔。別人對他的寬容度，是不會放在我身上的。

以前的我當然會很不平衡啊，為什麼他可以這樣，為什麼我不行？但現在我明白了，他是他，我是我，我們雖然有著一樣的職稱，可是我們本來就不一樣，打從一開始就完全不一樣。

這個不一樣除了外在的名氣之外，更重要的是看不到的，在人們心中的「分量」。他之所以能夠這麼做，是因為他在別人心中是個有「分量」的人。儘管我不認同這分量，但是他的分量與我認不認同無關，而是與認同他分量的人有關。

你覺得同事是馬屁精，你可能還是要看一下同事有沒有什麼你看不到的某種能力。因為如果他純粹只是會拍馬屁，難道你的主管也是草包嗎？他看不出來馬屁精完全不會做事嗎？會不會他在你沒看到的時候做了一些什麼事情，或是你看不出他做了一些什麼對主管來說很重要的事

情。主管可能真正在意的是他做的那些事情，而不是你以為的事情。

「大人學」的 Joe 在面對這題的時候就回答，有些人覺得自己每天加班到晚上 10 點，所以我很有價值。可是老闆看的不一定是你加班到 10 點這件事情。你覺得隔壁同事是草包，每天早早回家，人家搞不好事情做得又快又好，是因為做事又快又好所以他很快就下班了。然後老闆跟他聊天他又很會拍馬屁，讓老闆覺得很開心，東西又好又會說話。然後你東西做得又爛又不會講話，當老闆問你一些想法，你總是很直白地直接講。那你不被喜歡其實也是天經地義的一件事嘛。

與其嫉妒馬屁精，不如把心力拿來好好觀察他，試著去找到別人值得我們學習的地方。那些人能夠混得比我們好，一定有其原因。我們可以反省一下有沒有能在其中使得上力的地方。不過如果分析後發現，那個人之所以能混得好，是因為過去的時代紅利所遺留下來的名氣，或是與主管胼手打拚的革命情感這種無法使力的部分，那就只能好好加強自己的能力了。**不要一直抱怨自己得不到，如果**

有想要的東西，就靠自己的能力去搶。我們又不是活在《滿城盡帶黃金甲》的電影裡，只能聽周潤發說：「朕沒給的，你不能搶。」都什麼年代了，有才華有能力的人會被埋沒只有一個原因，不懂銷售。

　　當你在職場上發現有些事情你看不懂，你就應該試著去看懂啊。這個局的背後一定有個什麼關鍵，只是你沒有搞懂；一旦你搞懂了，搞不好就會突飛猛進。可是當搞不懂的你一直把成功說成：哦，那個人會成功，是因為拍馬屁啦。那周圍難道每個人都是好拍馬屁之人嗎？這個就有點把事情想得太簡單了。

　　我們的腦子有以下的習性：一、喜歡預測；二、喜歡舒服；三、喜歡捷思（快速的直覺式思考）；四、不喜歡錯誤。所以當我們遇到一件預測失誤的事情的時候，我們會很快地把原因歸咎給第一個聯想到的外在因素，當自己的替罪羔羊。

　　例如，很多人進股市是希望賺錢，當自己賠錢的時候，馬上就會說：都是政府在拉啊，主力在操作啊，外資

的陰謀啊。但其實真正的原因就是你技不如人，可是我們的腦子不願意承認這個事實。我們不喜歡面對失敗的自己，要承認自己的失敗太不舒服了，所以腦子會去找個原因來當替死鬼。只是如果我們一直活在這樣的自我欺騙中，就不會進步。我們只會一次又一次地怪罪別人，而不會把心力放回到自己身上。

　　當你能夠接受那個不舒服，好好反省之後再做一次，你會進步很快。當你開始承認：對，我就是技不如人，然後著手檢討要怎麼去研究、怎麼去學習，甚至得到的結論是：嗯，這個市場不適合我，這個局、這個遊戲不適合我，我離開。這樣都很好，你至少得到了某種寶貴的東西。可是如果我們一直怪別人，我們很可能就這樣怪了二、三十年，然後永遠都在賠錢，而且到最後還是不知道為什麼會賠。

　　因為不長進。

難道能者真的多勞？

 也想耍廢的人

馬克瑪麗好！請問，你們有遇過很雷的主管嗎？遇到這種主管，你們會怎麼做呢？

其實我還滿喜歡現在的工作的，公司離家騎機車不到半小時可以到，薪水不是很高但也有到平均值，在這裡做了兩年，工作內容都很熟悉上手，也結交了投緣的朋友，會一起吃中餐，假日有時候還會相約看電影……若不是遇到雷主管跟少數幾個爛同事，我搞不好會在這裡做到退休也說不一定。

小主管的脾氣「超級」火爆，對待下屬完全沒有耐心，常常要看他的心情做事，所以我們面對他都特別如履薄冰。有些比我資深的同事滿會配合這位主管的，他罵人就陪笑臉，或是跟他站在同一邊跟著罵人，這類下屬都會得到他的寵愛。

而我呢，因為我比較不會演戲跟拍馬屁，所以在辦公室的生存之道就是「盡量把事情做好，不要讓主管抓到小辮子」。因為可能是有點強迫症的關係吧，我都會在記事本上記好每日該做的工作，加上受不了一丁點拖延，事情一交辦下來就會想要盡快完成，所以我都會趁各種空檔、把握零碎的時間，完成每日記事本上的工作進度。

　　同事看到我總能超前完成任務交差，都會說我「好強」。但是他們也只是嘴上說說而已，從來沒有人請教過我是怎麼達到這樣的工作效率的。

　　辦公室裡有一位動作比較慢的同事，常常喊著「工作太多做不完」，偏偏她又跟我小主管的私交很好，所以從沒見過主管電這位同事，可能她特別擅長順著主管的毛摸吧。有一次，我竟然聽到一個驚悚的對話──這主管跟那個同事說：「那你就叫某某某幫忙吧，反正她動作快。」

　　那個某某某就、是、我！不經意聽到這段話時，一股怒火在我胸腔內瞬間點燃、熊熊燃燒！為什麼我做事有效

率，反而會得到懲罰？需要幫動作慢的同事擦屁股？

　　這件事滿打擊我的，隔天請了 2 天休假，返鄉跟爸媽訴苦。爸媽都勸我別那麼拚了，動作慢一點、隨和一點，這是辦公室的生存之道。我知道爸媽說得對，但還是很不甘心，有種到底是為誰辛苦為誰忙的悲傷！

　　從那天以後，我試著放慢了工作速度，也打算聽從爸媽的建議，嘗試跳槽到別間公司去，現在正利用零碎的時間積極準備中。希望老天保佑讓我一切順利，脫離這個討厭的主管！

馬克教主神開釋

要當蓮花，
就得排解自命清高的苦

這幾年，我非常喜歡看日韓的戀愛實境節目，多人同住一個屋簷下的那種，像是《雙層公寓》、《換乘戀愛》。我除了看角色間的互動外，看一個屋子從乾淨整齊的豪宅，到經過眾人踩躪有了生活的痕跡，然後看誰去收拾那些趴體後的殘餘。

一個團體中總會有人跳出來做這件事，可能他本來就是生活整潔有序的人，可能他天生愛乾淨，可能他實在看不下去，再不整理的話他會活得很痛苦，可能他是要做給其他人看的，展現自己賢慧的一面，為自己加些好感分

數。不管是打掃還是做飯這類的苦差事，最終總是會有人做的。「既然一定有人會做，那我就不用做了吧？或是現身晃晃，說句『辛苦了』，稱讚對方『你好讚』，做做表面工夫這樣就可以了吧？！」

這是人性。

所以有些職場厚黑學告訴你事情不要做得太快太好，做太快的人會得到更多工作，做太好的人會讓主管倍感威脅。最好的生存之道是在期限前交出一個 60 分的東西，讓主管有發揮的空間可以去改你的東西，然後你還有餘裕把作品改成 80 分，剛好在期限時達陣。

我自己覺得這樣的上班心態沒什麼問題啦，反正就是混日子嘛，如果我沒有想要升遷，沒有想要做出個什麼驚天動地的作品，沒有要追求成就感，日子順順過就好啊，上班時間能偷就偷，下班時間一到拍拍屁股就走。我的人生精彩的地方不在職場，而是下班後的私生活。

這也是為什麼很多人，尤其是做事認真負責的職場女生，常常會抱怨與她們共事的男同事：「為什麼很多男生

做事感覺很不積極，東拖西拖，能閃就閃，跟他們合作感覺心好累。」

因為我們當過兵。

我們知道不情願的生活要怎麼過，才可以讓自己好過點。我們在那段日子學到的重要教誨就是：「不打勤、不打懶，專打不長眼。」認真工作的時薪是 8 塊半，摸魚打混的時薪也是 8 塊半。（重新恢復徵兵制後，義務役二等兵的薪水含保險伙食已經快 3 萬元了，叔叔覺得羨慕，感覺混得更有價值了！）

適應能力好的人都會在環境中找出他的生存之道，像戀愛實境秀中，外在魅力值沒那麼強的人就多做點家事，自己找地方為自己加分。你的來信也說了你不會拍馬屁，做事俐落就是你的職場生存武器，但現在你不但沒有以你的武器自豪，反而覺得你的武器讓你受了委屈。

就像在節目裡有人做了一堆家事，又煮飯又洗碗又收拾又倒垃圾，然後抱怨我好累，為什麼沒有配對成功？

是不是一開始選錯武器了啊？當我們一開始就把自己

放在一個工具人的位置，最終會得到的讚賞就是：「你真是個好人。」如果我們不想要這個稱號，可能就該想想在這個環境中還有什麼角色是我們能扮演的。如果最後發現，演戲拍馬屁就是最輕鬆簡單大家都在做的事，可是你在評估之後覺得：你不屑同流合汙，也不想過那種假惺惺與不認真的生活，那你可能要知道這件事：

　　你若要當蓮花，就得學會排解那些自命清高的苦。

一開始就把自己放在一個工具人的位置，
最終會得到的讚賞就是：「你真是個好人。」

我真的不行

 禮維

　　馬克瑪麗好，我是去年畢業的禮維，今年初從第一份工作離職，年中找到這份工作。公司很年輕，同事也很年輕。因為產業特性的關係，工作量大、步調又非常快速，我發現自己常常跟不上同事，感覺超級吃力，每天上班壓力都很大。但我超級愛面子，我不敢讓朋友家人知道這件事，只有把情緒往肚裡吞，常常自己一個人以淚洗面。

　　這次試用期又沒過，沒錯，是「又」，主管把我叫進辦公室，要跟我聊聊，不知道是不是要被辭退了呢？我從小做事都游刃有餘，遇到不擅長的事情，放棄就好啦，我一直用這個態度活到今天。

　　自從換了這份工作，我對自己的自信心大幅下降。我不想承認，同期進來的新人中，我就是表現最差的那一個。我內心瞧不起總是排名最後的人，但現在在那個位置上的人是我。殘酷的事實就擺在眼前，除了哭之外，還是

只能哭。

　　我每次想安慰自己還是有做得好的地方，但現在我真的一個都想不到。寫到這邊，我就想到我還有工作沒有做完，我邊哭邊寫這封信，繼續苟延殘喘地活著我這一無是處的可悲人生。

馬克教主神開釋

「放棄」的真義

　　讓我開啟追蹤修訂，我們一起來看看第二段：

　　「我從小做事都游刃有餘，遇到不擅長的事情放棄就
好啦。」

　　請照樣造句。

　　我從小讀書都游刃有餘，遇到不擅長的科目，放棄就
好啦。
　　──那你應該是成績不太好的人吧？！

我從小考試都游刃有餘，遇到不會寫的題目放棄就好啦。

——我確定你一定是個成績不好的人，或是搞錯了「游刃有餘」這四個字的意思。

在學校，只要你有放棄的科目，你的總成績就不可能高。數學成績爆爛的我，從小都在用其他科目補救難堪的數學成績，求學的路上總是想著我這邊輸人 50 分，那我其他科都贏別人 20 分就可以超車了。

這種事情從來沒有發生過。就算我其他科的表現不錯，但其他強者也都很厲害啊，哪有可能從他們身上拿到壓倒性的勝利。每科能不輸就已經很艱辛了，還想贏人家 20 分，根本是痴人說夢。

只有當我老實面對現實，不再以逃避的心態面對弱點，而是以投資報酬率的概念看待它——它的分數低代表進步空間大，其他科目的進步幅度已經有限了，所以當我把時間放在數學上，可以帶來更多分數上的回報，我才幸運地考上理想的大學。

人生的選擇跟考試可以類比嗎？難道人生不能放棄嗎？我就是知道這件事我以後永遠用不到，我不去發展這個能力，這不是才是聰明的選擇嗎？

沒錯，當你「確定」你一輩子都不會再接觸它的時候，你可以安心地告訴自己放棄。請容我溫馨提醒：我們活在一個不確定的世界裡，人生的挑戰就是在面對不確定性。當你確定放棄什麼，你也就對與之相關的領域關起了門。活得有確定性的好處是你可以非常專注，但是壞處是你失去了很多彈性與未來變通的機會。

從小立定志向與展現天賦的軍棋選手小麥（對，我這裡引用的例子是漫畫《HUNTER×HUNTER 獵人》裡的角色，不過你可以替換成任何一個從小開始專心受訓的競賽選手），她什麼事都做不好，生活起居需要人家照料。由於生活中只有下棋，她也不了解世事，不擅交際，不懂人心。作為一個人，她其實是令人擔心的。可是因為她有卓越的表現，所以世人能看見她閃閃發光的一面，而忽略她不足的部分。

重點來了，你有志向與天賦嗎？

你有在某個領域中輾壓其他人表現的實力嗎？

如果有的話，專心致志對你來說會是個選擇。（但當然更好的做法是，你還是保持與世界連結的基本技能。也許你在國中時期的志向是成為國內的職業選手，但直到你站上世界舞台，打到大聯盟之後才發現英文很重要。）這只是眾多選擇的其中一種，不是一定要這麼做的。

我在高中畢業之後就把制服丟掉了，因為我「確定」我未來再也不會用到它，怎麼知道上了大學會有「制服日」這種東西，於是我只好向同學借穿他的衣服。對於未來，除了「有一天我們會死」，其他沒有什麼事是確定的。你在越早的時候確定放棄某件事，也就越早對某個領域的可能性關上了門。

科幻電影常常提的理論：你的每個選擇，都隨之產出了一個平行宇宙。沒有放棄數學的你，可能在另一個世界是銀行行員；沒有放棄打球的你，可能在另一個世界是工地工人；沒有因為討厭高中，一畢業馬上丟掉高中制服的

我，在另一個世界中，可能不太會跟大學的朋友聯繫，然後全身上下買滿了保單。（我的高中同學是保險業超業）

未來無法確定，但我們能夠確定的是每一個當下。不去懊悔當初為什麼做了那個決定，為什麼放棄了，而是好好地面對現在的難題，不要輕言放棄。

Never give up（永不放棄）的真義，不是要你咬牙死撐，在一個有毒的環境中忍耐；而是**不要輕言說出：「這個我不要了」、「這個以後我用不到」、「這個與我無關。」**

當你天天以淚洗面，精神壓力大到睡不著，身體起疹子，你當然要趕快離開。那是你的身體在告訴你，你越級挑戰了，你還沒有能力處理這樣的問題。但是這樣的離開不是放棄，是讓你意識到自己在這塊還有很大的成長空間，就像我的數學成績。暫時離開，把身體調理好，心態調整好，然後給自己時間學習、磨練，**做事不是為了得到掌聲，不是為了別人而做，而是為了你自己。**

你要相信你的能力會進步，現在困擾你的，未來不一定會困擾你。不要因為在一個地方失敗了，就再也不去那

個地方。反而應該每隔一陣子就回去挑戰看看。人生就像打電動闖關一樣，現在過不去只是因為經驗值不足、裝備不夠好、對地圖不夠熟；但是多闖幾次，你會闖出屬於你自己的心得。

　　Never give up. 為自己的人生保持彈性。

喔對了，如果你看到這邊頻頻點頭，覺得：「沒錯，人生就是要保持彈性」、「我有很多想做的事，任何事未來都有發展的可能，我就是個多才多藝的斜槓青年」那麼請你學會斷捨離，我鼓勵你放棄，你也必須放棄。**發散的人生看似擁有無限可能，最終常常導致一事無成**。請多才多藝的你專心選一條路，然後心無旁鶩地努力做下去吧！

容易放棄的人
需要不輕言放棄的心態。

什麼都不願意放棄的人，
請做斷捨離。

人生一定要有目標嗎？

 迷茫仔

哈囉馬克瑪麗好──請問，你們會給自己訂目標嗎？

我因為不知道自己要做什麼，所以在家耍廢了一年八個月的時間，現在還沒有找到目標，或許來信可以鼓勵到失業待業中的聽眾朋友，哈哈哈。

目前我有個固定的外包工作，所以自己不會餓死，也可以逃避暫時不去想人生與職涯。接到工作的時候很開心，如果有挑戰性的話會做得更帶勁，但是擺脫不了那種「就這樣？然後咧？」的想法。總之就一直處在這種狀態中，想要把事情想清楚，但是一直沒有想清楚，總之現在的工作我會繼續做下去就是了。

從馬克信箱和點友的故事中學習到很多，多少了解了自己的一些想法，現在自己對未來已經有些方向了，剩下的就是去嘗試與修正囉。想問馬克瑪麗是在什麼時候，用什麼方式找到自己想往哪個方向走的呢？

馬克教主神開釋

找到最重要的那件事

用簡單的二分法來幫世界上的人分類：相信目標的人，和相信隨遇而安的人。

相信隨遇而安的人裡面又分成兩種：曾經的目標中毒者，但是發現有目標沒有幫助他達成他想達成的，只讓他體驗了深深的挫敗，所以轉為放棄抵抗的隨緣派。以及單純覺得人生不用這麼累、不想這麼累，所以不去規劃與思考自己人生的人。

我從 10 歲開始喜歡廣播，沒有立定志向說一定要當廣播人，但廣播是陪伴我青春期成長的重要夥伴。15 歲

的目標是大學要念政大廣電，高中寒暑假參加廣電營、電影營等相關營隊，高三拜託學長姐帶我去政大旁聽，之後推甄（現在的繁星）進到了面試關，可惜最後沒錄取，後來用考試的考進政大外交。

但是我在大學考試之前，就先報名參加飛碟電台的DJ 徵選了，然後在大學放榜前很幸運地被選上，從 2001年一直做到現在。

你要說我是個有目標的人嗎？回頭看起來好像是這樣。可是我當初訂定的目標沒有達成欸，現在還能一直做著喜歡的工作應該是誤打誤撞吧。

你要說我是個隨遇而安的人嗎？好像也可以這麼說。電台經歷了幾次的改組、節目變動，我的人生也經過了畢業、當兵、結婚，中間有太多不可預期的事情發生，不過很幸運地我一直都還在（謝謝祥義哥）。《青春點點點》這個深夜節目的結束，現在看起來，反而是個 blessing in disguise（塞翁失馬焉知非福的故事）。終結的同時也是開始，如果當初節目沒有熄燈，也不會有現在的馬克信箱，與隨之所有的一切。

我的內心是支持目標派的，「信念╳行動」會為你帶來成果。套一下《論語》的句型：「學而不思則罔，思而不學則殆。」[1]立志而不行動則枉，行動卻沒有目標則Die。只空想不行動一切都是枉然，一直行動但是沒有中心思想與目標，到頭來會發現自己瞎忙了一輩子，不知道到底在忙啥貨[2]。

　　當然「信念╳行動」這個式子太精簡了，還需要乘上你的能力，能力跟學習與訓練方式相關；也要乘上你的情緒，還有，乘上運氣。但我們也可以把所有的一切都化約成信念；你會行動是因為你相信，你有能力是因為你相信自己，相信自己可以學習，可以藉由正確的訓練方式成長，你的情緒平穩是因為你有強大的信心，不會讓其他事情成為阻礙，以及你相信天助自助者，相信「當你真心渴望某樣東西時，整個宇宙都會聯合起來幫助你完成」。[3]

1　語出《論語‧為政》，是孔子對學習態度的看法：讀書卻不去思考，就會容易受欺矇、迷惘；只會自己空想卻不去讀書，是很危險的。
2　台語「什麼（東西）」的意思。台灣通用誤寫成「蝦毀」、「殺毀」。
3　保羅‧科爾賀，《牧羊少年奇幻之旅》中的經典名句。

一切都是從內在工作開始的。

大谷翔平在以他的二刀流震驚世界後，媒體開始翻找他的個人習慣與成長故事。就像所有成功人士的報導一樣，人們渴望知道成功的人是因為做了什麼而有所成就的。所以美國很流行一種 Podcast 類型就是：訪問「成功人士」，然後詢問他們的一天是怎麼過的，並且試圖從中找出相似之處。最後推論，如果我們也跟著這麼做，那我們也可以獲得成功。

這種錯誤的歸因方式很直覺，因此很好被大腦吸收。市面上也非常多類似的書籍，傳遞像是：有錢人都用長皮夾，成功人士都 4、5 點起床，這種似是而非的論點。好像我們去用長皮夾，就會變成有錢人；每天早起，就會變成成功人士。其實只要仔細想想，你就會發現好像哪裡怪怪的。

啊每天清晨 4、5 點就在爬山的阿公阿嬤們全部都是有錢人嗎？

不是嘛！

成功人士不是因為早起而成功，而是因為他們知道什麼事情對他們來說是最重要的，並且他們找到了一段不會被人打擾的時間，專心地去做那件事。剛好那段不會被打擾的時間，是早上清晨的時間。

　　所以我們需要學習的是，知道什麼對我們來說是重要的，找到那件重要的事情，並且把它當成人生最優先要處理的事項，也是每天一睜開眼要先做的事。要事優先！

　　大谷翔平在學期間就採用了一種方法幫助他專心在目標上——「曼陀羅九宮格法」。把最重要的目標放在中間，然後想想，為了達成這個目標，有什麼小目標要先達到，把這些小目標圍繞在你的中心目標上。接著再把每個小目標放在中間，想想有什麼行動可以幫助達成這些小目標。於是你從 1 個目標變成 3X3 的九宮格目標，然後 9 個目標又各衍生出 8 個執行方式，於是你的目標表格從 1 變成 9 變成 81。

　　你人生中目前最迫切需要解決的事情是什麼？最重要的事情是什麼？把它寫下來，然後開始以它為中心畫出你

的九宮格。如果以「找到理想的工作」為目標的話，我花了1、2個小時做出了後面這張表，並且設計成從左上開始以順時鐘方向去執行每個行動。

我強烈地建議你空出1、2個小時好好地來建立起自己的表格，當你建立起來後，你會發覺自己不再迷茫，知道你該做什麼，也不會再像隻無頭蒼蠅一樣亂闖。你對待時間的態度會產生一種新的轉變，讓你更有方向地朝著目標前進。

我也做了一個人生版本的九宮格，我花了整整3天！因為題目比較大，光是想人生在世的中心目標是什麼，就花了我大半天的時間。非常建議你好好利用這個空白表格，做出屬於自己的目標九宮格。

做自己的
人生九宮格

閱讀	靜心	自由書寫	網路搜尋	請朋友介紹	你羨慕誰的生活	閱讀並實作	刻意練習	時間管理
排序出最重要的價值觀	認識自己	問自己問題	完成作品集	搜尋職位	訪問他是如何成為現在的他的	改正並繼續練習	加強能力	使用清單
了解自己喜歡什麼，不喜歡什麼	根據回答去嘗試不同的活動	深入回答	試著做做看	列出想做的	自己有哪裡需要加強	獲得回饋	實際去做	專注
減少滑手機的時間	保持開放的心	多方嘗試	認識自己	搜尋職位	加強能力	從雇主的角度寫履歷	根據公司與職務需求客製化	就算沒有在徵人也主動投履歷
與工作結合	發展興趣	出門社交	發展興趣	找到理想的工作	投送履歷	優化履歷	投送履歷	用各種管道接近喜歡的公司
寫日記	與老朋友聚聚	轉換環境：小旅行	人際關係	工作態度	面試技巧	禮貌詢問為什麼沒被選上	一週後沒收到回音，主動寫信與電話聯絡	每天投5間
主動打招呼問好	主動幫忙做些小事	與大家方享好東西	有問題先自己查	查了還是不懂就問，不要害怕發問	按照前輩教的方法做	再三確認時間地點	衣著打扮符合要求	洗頭剪指甲燙衣服
工作能力強	人際關係	微笑	心平氣和	工作態度	正向積極	發送感謝信	面試技巧	對自己能侃侃而談
負責任	主動聊天	對同事表達感謝	以完成工作為優先	重要的事情先做	用清單處理待辦事宜	敘薪	準備好回答困難的問題	微笑自信的語氣，眼神堅定不閃避

「找到理想工作」的九宮格

Chapter4

追求快樂的自己

色老闆滾啦！

 石頭花

　　馬克瑪麗安安，我是工作運不好的石頭花……這是我醞釀好久，好不容易才鼓起勇氣分享的職場故事，這祕密憋在我心裡太久了。我想分享我離職的理由，因為很多前同事都問我：「石頭花，妳為什麼要離職？」

　　原因就是，我被性騷擾了啦。

　　我上班穿著都很保守，盡量穿長褲之類，並且減少跟老闆對眼的機會。但開會時無法避免要聽老闆自以為幽默的黃色笑話，他常開女員工的玩笑（對女員工的身體或是性生活方面）。雖然他不是問候我，但同樣身為女性，聽了也很難過好嗎？

　　言語上的性騷擾就算了，手來腳來就太過分了。一開始只是抱一下，我還想說是國外的打招呼方式嗎？接下來他要求坐很近合照，坐在他大腿上合照。我真的覺得太超

過了。我朋友要我一定要表達我覺得這樣不好，於是我擬好了稿子，用很婉轉的方式跟老闆說這些舉動超過了上司與下屬的界線，不是很好的現象。

老闆是個喜好分明的人，從此以後，他就沒有再碰我了，他改去對另外一個女生做這些事。可是，他卻開始找我麻煩，假借各種名義丟一些雜事交給我辦，同時小主管又會一直釘我！後來我才知道，原來我的小主管就是老闆的小三！而新被騷擾的女生，該叫她老闆的新歡嗎？超級會閃工作，總是把她的工作丟到我頭上，最後我是真的受不了才提離職的。

想請馬克瑪麗給我評語，我是個草莓族嗎？

馬克教主神開釋

性騷擾退散！

妳當然不是草莓啊，

如果是的話，

也是一顆可口的草莓。

避免病急亂投醫

 小柏

親愛的馬克瑪麗，我叫小柏。今天想問一個我朋友朵拉遇到的問題。其實她不認為那是個問題，但我一聽到就覺得問題超級大！真怕跟我一樣窮的她被神棍詐騙，所以想請你們給點建議，讓我可以拉住這位即將受騙的朋友！

朵拉跟我一樣，時常陷入工作低潮。我們都常換工作，我的原因是「不喜歡上班」、「還沒找到想要全心投入的工作」，撐過年領了年終獎金就想走人。朵拉除了跟我一樣迷茫之外，更糟的是工作運欠佳。她常不幸進入經營不善的公司，或是辦公室文化超糟糕的公司，導致做不下去，所以她換工作的頻率比我還高。我們常常互相吐苦水，交換履歷參考、面試新工作的心得感想。後來，她迷上算命和身心靈課程。

她算過塔羅、排過星盤、做過人類圖等等等……她也

曾找我一起去算，我抱著半信半疑的想法去算了塔羅牌，那個占卜師說我夏天時會遇到貴人，挖角我脫離目前不想待的公司。結果咧，現在都快要過冬至了，貴人連個影都沒有，我還是待在原單位裡，想著等領年終後再做打算。

算個塔羅也不便宜耶，千元大鈔一下子就沒了。但是朵拉，她真的很執迷不悟。從我認識她開始，她就喜歡花錢上課，以前是學日文、影像處理、攝影、影片剪輯等這類「可能」對她找工作有用的技能。自從她迷上命理跟身心靈之後，開始把錢往這些領域狂砸。

上次我才聽說她跟了某位名師帶的「朝聖之旅」，到國外一個「能量很強」的山上接引聖光，團費比一般純旅遊的行程貴多了。明明都在領失業給付了，竟然還想花十幾萬跟團。我苦勸她如果想旅遊的話可以去找旅行社，或是等明年我離職後，再找幾個好朋友一起規劃自助旅行，保證便宜又好玩，但她白眼我說：「我是要去接引能量又不是去旅遊！」我們還因此吵了一架、不歡而散。

最近，我又從共同的朋友那邊聽到，她要去上一個學費六位數的「潛能開發課程」！自從上次吵架後，朵拉就不再跟我聊她上課的事了，我本來想說算了、眼不見為淨，但一聽到這消息，心裡還是忍不住難受：Oh my God，這朋友病得不輕呀！想到她已經靠借卡債度日了，就沒辦法袖手旁觀。馬克瑪麗，你們覺得我怎麼勸她，她比較能聽得下去呢？

馬克教主神開釋

你的人生，
怎麼會長在別人嘴裡？

　　昨天在群組上看到一位聽眾在問其他人，說她看到一個線上課程非常心動，可是又覺得這門線上課程的價格可以買幾十本書，困擾著到底值不值得花錢買下去。

　　這幾年的線上課程非常多，賣得好的動輒 3、5 千萬起跳，破億的也有之。我自己也買了很多，九成買完後連開都沒有開過，剩下的一成中也只有一成會好好看完。大部分是知識點太薄弱看不下去，有些則是自己的問題，被日常瑣事分心就暫停了。

　　想買線上課程學習我覺得非常好，但同時我也想提醒

你，內在的功不能省。最近幾年，我常常跟隨的線上課程是「與點堂」與「書適圈」，最主要上紀金慶的哲學、榮格心理學相關的課程。透過老師平實的轉譯，讓我可以對一個主題有更多的了解與觸發。但也要小心接收這樣的二手訊息，再加上自己的腦補解讀後，可能變成與原意相差甚遠的新解。

聽說書人說書，是把自己讀書的工作外包給人家。生活瑣事上的外包可以為自己節省時間，但是精神層面的外包卻可能讓自己變得空洞。現在很多人在網路上做懶人包精華剪輯，讓我們只要花 15、20 分鐘，就能知道一部戲劇的故事情節，或是一部實境秀裡參加者的愛恨糾葛。看這種大補帖好像可以讓你省下 2 ～ 30 小時追劇的時間，但你永遠沒有辦法在大補帖中得到花時間看劇沉浸在劇情裡獲得的笑聲、淚水與感動。

追劇對你來說的目的是什麼？如果你追劇只是為了要跟上話題與人聊天，知道別人在講什麼的話，那看大補帖的確是個省時省力的好做法。但如果你覺得追劇是放鬆休閒，獲得快樂與內在感動的時間，那精華剪輯不但沒辦法

滿足這樣的需求，反而還破壞了你的樂趣。

　　線上課程就是一種大補帖，一種補習文化。如果你是帶有目的性，想快速得到有效率的解題方法，那優質的線上課程也許可以提供你一些幫助（前提是你買了以後有看，看了以後有實作練習）。

　　我發現很多人喜歡花錢買東西，但是買了以後卻不拆不用，對啦，我就在說我自己。以前買了一堆書、買了一堆 CD，可是根本沒看沒聽。「購買」這個行為是在填補自己內心的匱乏，在花錢買下的瞬間，心中的匱乏好像被填滿了；但是這個填滿效果的時效有限，過沒多久，又需要再花錢去補洞，於是這個惡性循環不斷地發生、不斷持續下去。

　　我覺得買東西是一種緩解焦慮的行為，可是我們的焦慮只有在短暫的當下，花錢的那一瞬間得到了抒解。但是如果我們買了卻沒有去用，買了卻沒有去實作，那麼焦慮並不會被改善，因為真正困擾你的根源一直還在，造成我們焦慮與匱乏的原因沒有被意識到、沒有被解決，我們就

會一直待在這個輪迴中。

群組中有另一位聽眾的回覆如下：

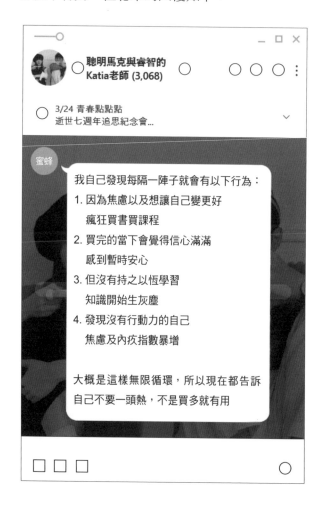

突然覺得，這不就是所謂的「花錢消災」嗎？很多命理師會告訴我們破財可以消災，或是當我們的錢掉了、被騙了，想安慰我們的人會用這種說法讓我們的心裡好過點，就像打破碗的時候說「碎碎平安」那樣。現在我們買線上課程、去算命，甚至去買物質的東西，也都是在消災啊，消的是自己內在匱乏與焦慮的災。

　　一個人的心越慌張，對自己越不了解，就越容易踩中這些行銷的術式，進而掏錢。 結果就會形成很糟糕的惡性循環：本來就已經不知道自己擅長什麼、適合什麼，所以找不到能夠發光發熱的工作，得不到好的薪水福利，然後又因為現實的挫折，讓內心更加地不開心，更加地迷茫慌亂，於是向外去尋找塔羅牌、人類圖、星座和各種算命，希望可以從老師的口中得到一絲人生的確定性。**可是你的人生是你的人生，怎麼會長在別人的嘴裡呢？**

　　當你聽他們隨便胡謅一通（這個怕是他們自己也不知道自己在胡謅，他們覺得他們說的話是有所「本」的），只要你回頭去看這個系統是怎麼被創造出來的，先不要馬上跳入它的系統去研究它怎麼算命怎麼解命，而是去了解

那些星盤人類圖背後創建的規則，一旦你搞清楚了，你就可以明白那些東西絕對不是真的。

　　只要想想這一件事情：同年同月同日同時間在同緯度同性別同種族出生的嬰孩（簡單來說，就是同間醫院同時出生的啦），他們的人類圖通道就會一模一樣，他們的星盤與八字就一模一樣，他們的命也一模一樣，是這樣嗎？

　　1953 年 3 月 30 日，在東京都墨田區的讚育會醫院有兩名男嬰誕生在這個世界，他們出生的時間相差 13 分鐘，但他們的命運天差地遠。其中一名嬰兒的爸爸在兩年後過世，他被單親媽媽在狹小的一室空間中，僅以政府福利的支持下撫養長大。國中畢業後就開始去工廠工作，靠著夜校讀完高職，後來的職業是一名卡車司機。

　　而另一名男嬰被有錢人家撫養，上私立中學、私立大學，後來成為一間地產公司的總裁。

　　他們的人類圖完全一樣，八字紫微與星座命盤也完全一樣，為什麼會有如此不同的命運？因為父母不一樣，成長的環境不一樣，經歷不一樣，遇到的老師同學不一樣，

一切外在世界對這個人的影響，與他自己的體悟吸收不一樣，他們就會長成不一樣的人。

當然這些系統也會創造出更複雜的說法，說要父母合盤、要跟他遇到的其他人一起合盤，30 歲以後要看上升星座 blah blah blah。但那些「老師」們要這麼說，是因為原初系統的解釋力不夠，以這個系統為賺錢工具的他／她，沒辦法跳出來說：「一切都是假的，這是個騙局。」所以只好用更多似是而非的話術與更複雜的解盤方法來迷惑大家。

我的人生會不會順遂，只要看看我爸媽以及我爸媽是怎麼對我的，大概就能知道了，根本不需要命盤啊。感恩幫助自己的人，遠離毒害的關係，人生自然就會過得好，這完全不需要各種「老師」假借神祕玄妙的卡牌與系統開「金口」，而是每個人都知道該怎麼做的簡單道理啊。

回到沒說完的東京男嬰、現在已經是老爺爺的故事，我會知道他們，是因為他們上了新聞。這對在同時間同地點出生、有著相同命盤星盤與人類圖，命運卻大不相同的兩個人……

他們被抱錯了！

靠著社會福利被單親媽媽艱辛撫養長大的卡車司機，其實應該是有錢人家的孩子，應該可以上高中、念大學，但是因為醫院給錯寶寶了，所以他沒有機會接受更高的教育，人生的選擇性少了很多。更別提像另一個孩子未來會創業成為地產公司的老闆了。

現在你還相信以出生時辰來定命論命的系統嗎？

我也曾經對命運這回事感到好奇，每次聽說在新竹山上的哪位高人很準，在士林山上的哪個老師很厲害，有的是摸骨的，有的是鐵板神算，身為好奇寶寶的我，當然也想知道我的未來會發生什麼事情。

但如果我們遇到比較無良的「老師」，他會嚇我們說小心這個時候有車關、有血光喔，小心這個時候有口舌、有官司喔，你要買這個符咒、這個水晶、這個開運物放在某某方位，破財消災，花錢解厄。

唉，可是我們出門本來就應該要小心啊，說話本來就應該要小心啊；走路不看路會出車禍被撞，講話不長眼會得罪人甚至吃官司，這不是本來就該注意的事嗎？那些人

就只是神棍，他們不是真的會算命會解盤，他們只是銷售人員，而我們就是他們眼中的肥羊，肥羊上門了，不好好大宰特宰一番對不起自己啊！

我曾經跟一個人學過八字，那是一個在網路上聊天遇到的人。20歲的我花很多很多時間在網路上聊天，現在回頭想，是因為當時的我不知道人生的目標在哪裡、未來看不清，所以我很飢渴地想要與人連結，那是一種心靈匱乏與空虛的表現。

已經忘記怎麼跟這個人聊到算命這件事了，但某天她說可以去找她。我是抱著醉翁之意不在酒的心前往的。我還記得她住在萬華一個我從來沒有去過的地方，那個巷弄很小，屋況髒亂，阿婆坐在外面的客廳剝菜，還有兩個小朋友坐在小板凳上看電視。

我跟著她走進了一個和式房間，她開始排我的八字，然後跟我講我遇到了什麼事情。

我本來對算命就是半信半疑，我知道有很多的算命師其實比較像是讀心師，他們很能夠判斷別人的微表情，能

夠快速接收到環境的氛圍和情緒，然後從中察覺蛛絲馬跡，並且順著你的話講下去。**常常不是他們有通靈神力，而是你的大嘴巴透漏了太多自己的訊息。**

所以，那一天在那個和室裡，我盤腿坐著低頭一語不發，面無表情地聽著她說我的個性與生命。聽她講完後，我問她是怎麼知道這些事情的，她說就是從你的八字中看到的，我當下就問：妳有在收徒弟嗎，可以跟妳學習嗎？

因為我覺得她說得太準，而且全部都命中了！

那是我在人生最低谷的時候，失戀、工作不穩定、前途茫茫，不知道要往哪裡走。（後來當我的人生逐漸步上軌道，頭腦比較清楚後回想，她當天說的不是全部命中，而是我只聽到了中的部分，並且放大了被說中的部分，忽略掉不準的地方。）然後開始跟她學習命理，越學到後期越發現，**命理是死的，但是解命人是活的。**同樣的命盤可以說出不同的話，同樣的合沖有好幾種完全不同方向的解釋。所以說到底，不是命盤這個系統強大，而是解命人會看人，會說話；只要你能看人看得準，話術練得好，你就能把話說到人的心坎裡。

當我們在失意迷茫的時候，很容易被這些玄妙的東西所迷惑。但那些東西其實一點都不玄，是我們的內在需要藉由無法解釋的事情幫助自己在這個自己無法解釋的世界中活得更好。

除了算命與神祕學，另外一個容易吸引失意人的陷阱是直銷。直銷為你擘劃一個美好的夢想，販賣給你的不是營養保健品和濾水器，而是通往財富自由的藍圖。他們告訴你只要夠努力，就可以成功（夠努力的夠可能是這個「購」，只要你回購商品買越多，你就離成功越近）。但實際上這個系統是設計來讓人失敗的，不是最努力的人會成功，而是最先加入的人會成功。

這個厲害的金字塔型分潤系統，再跟線上課程與身心靈結合之後，搖身一變成為一種新型態的吸金模式：

什麼？你對人類圖有興趣是不是？來來來，來上我們的初階課程，初階課程 1、2 萬，你看外面的線上課程也都是這個價格啊！上完之後你更有興趣的話，來來來，來

上我們的進階課程。進階課程稍微貴一點點，上完第二階還有第三階，第三階的課程價格就翻倍了。

然後在上課的過程中會給你一個夢想，當你全部上完之後你會是一個非常厲害的解圖師，你就可以用這項技能出去幫人解圖賺錢了，所以不用覺得現在付錢的這些認證很貴，因為未來你很快就會賺回來的。

（當然這只是我的白話翻譯版，他們的話術相較是幽微細緻的：重點是找到你自己的使用說明，重點是在幫助別人，重點是要讓這個世界變得更好。你是不是覺得上了課之後更了解自己了，歡迎你把這種自我覺察的快樂分享給你的親朋好友。有些身心靈課程還強制要求要在階段訓練後一定要拉幾個人進來一起學習，如果沒有做到的話，就是沒有跨出舒適圈、沒有成長。）

這種認證系統創造出了一批忠實的戰士。這些付了大錢花了時間的人，大部分不會覺得自己被騙了。大部分的人會催眠自己、相信自己做的選擇是對的，他們會開始為

這個系統說話，成為這套系統最忠實的傳道士，到處跟人說：喔這個很準，這堂課很有用，上了以後改變你的人生。就像剛進直銷，還對直銷吹出的泡泡幻影滿懷衝勁的人一樣。

你不用花 2 萬、3 萬、5 萬、10 萬去知道一件事叫做：「好好照顧自己」，你也不用花 2 萬、3 萬、5 萬、10 萬去了解這件事：「好好思考並且規劃你的人生」。算命在算的，人類圖在圖的，線上課程在賣的，表面上是在教導你趨吉避凶、認識自己、終身學習；實際上，他們是在賺迷茫者與焦慮者的錢。他們不是老師，他們是Sales。

我不知道有多少人看到這些話後能夠醒來。一番話的有效程度，往往取決於我們對說話者的信任程度。如果你比較相信那些老師，那我希望他們的課程與話語可以為你的生活帶來更好的改變。如果你願意相信我，那我希望你可以把那些錢留下來。進修自己有很多種方式，我在上的線上課程一門也不過 2 ～ 3 千，那些要你花萬把塊，要你

一階上完還要二階三階、一層一層認證下去的課程，重點都不是要把你教會或是傳達什麼你不知道的人生奧祕，而是要你荷包裡的錢。

聰明馬克與睿智的Katia老師

歡迎加入話題多元
豐富的群組

別再花時間討論別人

 織花

　　唉，馬克瑪麗，我遇到一個難以啟齒又困擾的問題，除了你們以外，我不知道能跟誰討論。

　　我承認自己是一個愛比較、愛計較、愛聽八卦的人，當然，在別人面前，我會假裝自己是人畜無害的「白開水女孩」。但只有我自己知道，內心世界的小劇場其實超級無敵爆炸多，有時候連我自己都受不了。

　　半年前我換了一個新工作，這工作的薪水跟我的預期有一點落差，不過那時主管跟我說，起薪雖然不高，但有完善的調薪機制，只要我表現得好，就可以慢慢調升。

　　於是我就來上班了。雖然試用期過後有加一點薪，但還是沒有如我所願，於是我的內心就開始有點蠢蠢欲動，想知道別人的薪資、別人的加薪幅度如何，想知道主管到底有沒有虧待我。但是，因為公司有薪資保密條款，員工

間是不能交流薪資的，我只好把這想法放在心底，繼續默默地打卡上班。

另外，我這組有一位比我小的年輕妹妹，跟我同期進辦公室，她的個性活潑開朗，主管似乎滿喜歡她的。跟她混熟之後，我們下班也會傳 LINE 聊天，而且我們兩個都喜歡看言情小說，所以常常交流這方面的資訊。

某一天下班後，我們相約去書店挑書。搭車的時候，我假裝不經意地問她過試用期後有沒有加薪？我本來只是想碰碰運氣、隨口問問，結果，可能是看在私交的關係上，她竟然直白地回答了我。那個數字……是我的兩倍。我繼續問她的起薪多少，沒想到資歷比我淺的她，起薪也只比我少一點點而已。所以現在算起來，她的薪水已經比我高。

這真是超級爆炸性的資訊。為什麼會這樣？共事的過程中，我不覺得她的能力比我好啊？雖然是很開朗認真，但難道就因為我笑容沒她多，薪水就該比較低嗎？

回家以後，我瘋狂上網搜尋平均薪資水準，在我這個年齡、這個產業的平均薪資大概是多少？甚至還看了我這年齡的平均存款數字、上 Dcard 問，雖然答案可能不夠全面，但至少是個參考。

　　之後，我就沒辦法心平氣和地上班了，看到主管與年輕妹妹談笑風生的畫面，都會有股酸臭的不舒服感受襲上心頭。超想直接衝去問主管，為什麼給她的調薪幅度是我的兩倍？難道她的工作能力比我強兩倍？

　　眼前我只有兩條路，一是假裝不知道任何事地做下去，二是乾脆辭職。但，我已經三十出頭了，工作越來越難找，現在的我已經沒有二十多歲不爽就辭職的勇氣，而且，理智上其實也知道自己這麼想沒有意義。所以我到底該怎麼辦呢？請教教我想開、放下的辦法吧。

拿自己的寶貴時間去
關注別人，是最蠢的事

　　為什麼只有兩條路啊？非黑即白、不是零就是一百的這種全有全無擺盪式思維，讓我為妳感到很擔心捏。

　　在假裝不知情、勉強自己做下去，與不爽不要做之間，還有很多做法吧？妳可以找主管談薪（也談心），了解自己有什麼不足的地方，表達自己對加薪幅度的不滿。妳可以更認真努力，拿出工作成績作為敘薪的條件。妳可以騎驢找馬，開始認真改履歷、與獵頭接觸。妳可以休假沉澱心情，找到與自己的自卑共處的方法。

「自卑？誰說我自卑了？我只是愛比較、愛計較、愛聽八卦，我沒有自卑啊。」

我自己也是個愛比較的人，以前也是個愛聽八卦的人。愛聽八卦的背後常常就是比較心──把別人的人生拿來嚼舌根，讓自己的心智形成風暴：「你看那個人怎麼會這樣……」、「你知道他做了什麼又怎樣了嗎……」這種行為是不自覺地把自己的想法套用在別人的事件上，默默把自己推出去與事件主角比較，然後藉由八卦讓自己活得舒坦。看到人家跌股，自己就比較優越；但是，當我們看到人家比我們好的時候，心智就崩潰了。

我們的腦中會出現很多聲音像是：「他憑什麼？」、「為什麼他可以？」然後這些情緒會轉變成糟糕的行為──詆毀人家，造謠生事，做些小動作想讓對方吃癟。善良的人把這種難以抒發的情緒留在自己體內，沒那麼善良的人就開始噴人搞小團體了。

兩句話送給愛比較的自己：

當你覺得「他，憑什麼？」的時候，

請想想別人也覺得「你，憑什麼？」

以及，

「不要問為什麼！」

看到某個有趣的活動卻沒被邀請，內心難免會犯嘀咕：「為什麼沒有找我？」看到別人做了糟糕的行為，覺得他為什麼還能繼續待在那個位置上？為什麼沒有人懲罰他？他憑什麼還活得這麼好？我們這種愛比較的人，只看得到別人得到的好處，卻沒有想想自己其實也得到了很多好處；只看到別人光鮮亮麗被認同的一面，沒看到背後他們的付出或自己的沒有付出。

接案工作者比一般人更常會面對這樣的心魔挑戰：我比他（接到案子的人）更適合這份工作啊，廠商怎麼沒有找我？這份工作如果交給我做的話，我一定可以做得比他更好啊（其實不一定）。品牌活動邀請網紅出席，我怎麼沒有在名單內？為什麼沒有找我？

我們的心智想要全世界的好處——世界上全部的好東

西、好機會，通通掉到我頭上吧，然後我再來選擇自己要什麼。

「你憑什麼？」

停止做著不切實際的大夢吧，停止自我感覺良好，停止為了隱藏自己的自卑與不安而強裝自信強大，停止與他人比較。**人生在世最寶貴的就是自己的時間**，而把自己寶貴的時間花去關注別人的人生，是最蠢的事。

（養小孩除外啦，用心的爸媽們你們辛苦了。）

> ❝
>
> # 比較是幸福之賊
> ## Comparison is the thief of joy.
>
> ❞
>
> **marc_orange**

「比較」對你的影響勝過其他自我毀滅的習慣。

不要拿自己的開始,與其他人的終點做比較;不要拿自己的日常,與他人的精彩時刻比較。不要羨慕別人有的,自己也想要有。常常是直到當你也有了的時候,你才發現你一直在追求的,根本不適合你。在別人身上合理的事,在你身上,格格不入。(反之亦然)

別拿自己去跟別人比較。

＃比較 ＃後悔 ＃語錄

> ❝
> ## 慣性比較是低自尊者的
> ## 不良習慣。
> ❞
>
> **marc_orange**

低自尊的人愛用殘忍、不公平的方式進行較量。更令人難過的是，低自尊的人不會意識到較勁這件事，或是管不住就是愛比較的心理與自我貶低的習慣，於是在無止境的較量中屢屢受挫，把一切的失敗與愧疚歸於某個讓自己感到不平衡的事：外貌、家庭、性別、職業……於是變得憤世嫉俗，容易情緒高低起伏，變得無法好好愛自己。

當你停止比較，你就開始快樂。

joy #快樂 #自尊心

> ❝
>
> # 沒有放不下的情緒，
> # 只有不肯放下的你。
>
> ❞
>
> **marc_orange**

對於無法改變的事，除了放下，你別無選擇。人會過得不好，常常是在對無法控制的事煩惱。

「他為什麼要這樣做？」

「那個人拍馬屁的樣子好噁心！」

「主管都偏心！」

這些的潛台詞都是：為什麼不愛我？為什麼不對我好？

嘿，你幾歲了？為什麼要別人對你好？別像個任性的孩子了。遇到對你好的人，請帶著感恩與防備的心，珍惜的同時，戒慎恐懼。遇到對你不好的人，保持距離，維持最低程度的必要互動就可以。

然後最重要的是，請你對自己好一點。

#心理 #不平衡

魔鬼的計謀

 樂樂

　　嗨，親愛的馬克瑪麗，我算是一個有夢想的人，但是常常也會感覺迷茫，不知道自己的才能是否能夠支持夢想，畢竟溫飽也是很重要的，我首先得養活自己才行呀。

　　我大學時參加的是漫畫社，國高中時就很著迷於少女漫畫了，也夢想自己有一天能當漫畫家，所以我大學選修的是平面設計科系。這是跟爸媽拉鋸戰後雙方妥協的結果，因為他們沒辦法接受我去念美術系，還吐槽當漫畫家的夢想不切實際：「市面上都是別國的漫畫書，頻道上都是別國的動畫，我們有出幾個有名的漫畫家？」

　　我媽說：「你是漫畫天才嗎？不是的話只會餓死！」她認為如果一個人不能養活自己，天大的夢想都是空想。

　　大學畢業後，我找的都是平面設計的工作，也專心在工作上，每天生活忙碌，漸漸遺忘了小時候想當漫畫家

的夢想。直到有一天，我在網路上看到一篇文章，內容大意是說，很多人在畫畫的時候，很在意自己有沒有天賦，畫出來的作品夠不夠優秀、能不能端上檯面；但對畫畫而言，天賦、功力其實都不是最重要的，關鍵在於「身體力行去畫畫」這個動作。

這篇文章真是驚醒夢中人！我幹嘛要被媽媽這句「你會餓死」嚇到，一整天都做著自己沒那麼感興趣的事呢？於是，我重拾畫筆，下班後也不跟同事去逛街吃飯或是唱KTV了，通常都是買個便當就回到租屋處，放著音樂、搖頭晃腦地開始創作。我也會適度地追追劇，順便蒐集角色素材，塑造筆下有魅力的男女主角。

但是，上班的公司卻突然倒閉了。雖然我可以領六個月的失業給付，節省一點也還過得去，但失業以後，我心變得很慌，怕太久沒銜接上正職工作，會被瞬息萬變的職場淘汰。我到處寄履歷，但是兩個多月過去了，沒找到合適的工作。

這段時間我過得滿頹廢的，不是追劇就是睡覺，或是上人力銀行網站瀏覽一下。時間雖然很多，但靈感反而超級枯竭，很少畫畫，只有一次接到朋友發的插畫案子，讓我再度想起自己未完成的少女漫畫。

　　有想過反正沒工作，不如全力來完成我的作品吧！但是「你會餓死」這句話就像魔咒一樣，纏繞著我的大腦，導致創作的動力時常被熄滅，讓我不知不覺又連上人力銀行網站，狂找工作……

　　馬克瑪麗，你們覺得我該怎麼辦呢？

馬克教主神開釋

動起來動起來，
馬上動起來！

如果連自己都不確定自己的才華能不能支撐夢想的話，那就別做了吧。

追夢是自信者的特權。夢想不是一帆風順，如果夢想這麼簡單達成，那每個人早就都活在自己的夢想裡了。（也許未來我們都會戴上虛擬裝置，活在虛擬世界裡，但那應該不是夢想，是商人賣給我們吸食的未來鴉片。）

在前往夢想的路上，如果沒有自信與承受挫折的能力的話，很快就會走不下去的。所以對於想追夢但是還在遲

疑猶豫的人，我想對你們說：放棄吧！不要浪費時間與精力猶豫了，如果你真的有心去做，早就去做了。不會在那邊想做又不敢前進，擔心著這樣好嗎？這樣可以嗎？不要再拿各種藉口騙自己了，老實承認自己就是沒膽、沒信心、沒才華、沒能力，認真找份簡簡單單的工作養活自己，然後把你的夢想當興趣經營。說不定，你的夢想未來會成真也說不定。

但重點在去做。

當我們被心智那些擔心害怕的聲音給纏住，當我們因為心智的聲音而不敢前進，我們就中了心智布下的陷阱。猶豫會磨光我們的意志與機會，最終我們會一事無成，然後成天懊悔「如果可以」。後悔是一種充滿毒性的思維，會讓我們的行動力越來越低，活得越來越不快樂。

你看穿心智的詭計了嗎？

它為了在我們體內存活所羅織出來的縝密計謀：創造夢想給你希望，告訴你你不可能做到，不要去做，創造失敗悲慘的未來讓你擔心害怕，讓你在想做又不敢做之間游

移不定，於是它有空間可以不斷地發揮。最後，當你因為蹉跎而錯過一次又一次的機會，活在不滿、不甘心與懊悔裡，它就取得了你人生的掌控權——終於，你會變得憤世嫉俗，看誰都不順眼，其中最討厭的，就是自己。

下次當你又猶豫不決的時候，提醒自己：心智又在動作了，它又開始要運行它魔鬼般的計謀了，請馬上動起來。動起來找資料、把時間空出來拿出紙筆好好思考規劃，做些瑜伽伸展讓自己身體動起來，心靜下來，然後做出選擇，不要讓自己停在猶豫不決的情況太久。動起來動起來！

讓自己變好的咒語

 阿奎

　　馬克瑪麗你們好！我叫阿奎，現在的工作是內勤，有時需要支援業務。這是我的第一份工作，到現在也做了三年多，雖然談不上資深員工，但已經算是上手了。

　　其實工作上沒什麼大問題，只是我發現我常覺得腦內有個暴跳如雷、要求嚴格的小人對我指指點點。即使主管或是同事沒說什麼，那個小人也常會對我補刀，說我這個沒做好、那個沒做好，這麼簡單的事怎麼都沒事先想到？

　　每當被腦海中的小人指責時，我整個人就會變得更膽怯跟敏感。如果這時同事或是主管恰巧一個眼神過來，我就會想說是不是在說我……我也常常懊悔，剛剛回話是不是沒有回好，應該這樣說的，這樣說會比較好。我希望受到其他人的喜愛，我忍不住還是會比較，雖然我知道比較是有毒的。

就這樣，我常常被腦內的各種聲音折磨著。理智也知道，工作上沒出什麼大錯，跟同事主管也相處得還可以。主管曾稱讚我「很負責任」，何必想這麼多呢？但我腦中的小人就是不滿意。馬克瑪麗，可以給我一點幫助嗎？

馬克教主神開釋

把你的能量發洩出來

　　我也是內在有個強大的批判者的人，強大到我是不太願意照鏡子的，因為我不想看到我自己。

　　它無時無刻不在，不只對內嚴厲地批判，更可怕的是如果不好好管理它，它的批判會外溢到我的外在世界。講出口的話都是負面的，都以「不是」起頭，說話的內容暗藏著各種比較，笑容越來越少，嘴角越來越下凹。我知道再這樣繼續下去就會變成一個討人厭的糟老頭。

　　就拿現在寫書來講好了，我一邊打字一邊就會接收到這樣的聲音：「打字這麼慢啊」、「垃圾啊」、「你在那

邊亂打什麼啊」、「這種東西有人要看嗎」、「不要笑死人了」、「你為什麼不提早開始寫啊，每次都要拖到最後一天，你是不是永遠不會長進啊」、「不要再浪費社會資源了好不好，紙張油墨不是讓你這樣用的」、「讀者花錢買這些東西你對得起他們嗎？你對得起出版社嗎？」

大概是這樣，把這些話打出來有幫助我清出一些空間。你可以想像成一個很愛講話的人，一直無處發洩，但是如果你開了一個開口讓他瘋狂地講，當他自己講累了，他自己就停了。就像能量釋放一樣。

這些年很流行的自由書寫也對排解情緒有所幫助。當你靜心後，引導內在部分把它想說的話說出來，寫出來，你就可以獲得平靜，也得到機會去審視內在被壓抑住的想法。那些想法通常一直常駐在腦中，可是是模糊不清楚的，當我們用各種方式把它們引導出來後，就可以用感官察覺到它們，並且與它們對話。

（提醒一下，我是說與它們對話，而不是對罵喔。我們的目的是要把它們的話引導出來，所以要鼓勵它們多

說。我們不批判、不壓制、不回嘴，就只是靜靜地看著它們說。）

　　不管你面對的是內在強大的批判者，還是總是在哭的悲傷茱麗葉，或是抓狂管訓班的乃哥，你都可以用自由書寫、創作、跳舞，把你的能量發洩出來。或是我教你一句咒語，不要常常用，但是在壓力極大快要撐不住的時候可以來一下：

對，我就爛！

　　感謝聖普、咩、奕云、糖果、沙、腹真、鵝、Ling、小雞、傑西幫忙把馬克信箱的內容分類。

　　我是沒有什麼資格談上班族職場的，因為我從來沒有真正地進入一份需要朝九晚五的固定上班族的工作。但我能夠談些 SOHO、接案、創業與一人公司的職場，或者說，人生職涯。這也許是這個世界未來的常態：沒有固定的人、沒有固定的職業、客戶是多元的、工作是浮動的。每個人可以創造出自己想要的生活方式；同時，想按照自己方式過活的人，也需要投入更多的設計與努力，以確保這個航行計畫安全無虞。

　　而這樣的型態，還能算「職場」嗎？比較像一種「Lifestyle」（生活型態）了吧？！

　　外商常提的「Work-life balance」（工作與生活的平衡），也許天秤會越來越偏向生活，或是寓工作於生活

中；數位游牧、邊工作邊玩，生活與職場的界線可能不再明確，工作也不再是一件苦差事，而是人生中自我實現的一部分。

多元的世界中可以有多元的選擇，所以最重要的就是知道你想要的是什麼，你的價值觀排序是如何。你追求的是穩定還是自由，是多金還是意義，是輕鬆還是挑戰，是個人還是團體。了解自己的需求，做出相應的選擇，讓你的工作與生活、讓你的人生，更快樂。

當你還是心中鬱悶，尋解脫而不可得的時候，歡迎回到「馬克信箱」這個數位樹洞存放你的情緒。把憤怒自憐的苦水留在虛擬世界中，把修煉苦行的痕跡留在真實世界裡。如果我們持續這麼做，我們的苦會越來越少，心情會越來越平靜。

「馬克信箱」歡迎你的故事，更希望你能成為，你理想中的自己。🙏

國家圖書館出版品預行編目 (CIP) 資料

親愛的馬克瑪麗 2：Re: 上班難、做人更難，我該怎
麼辦？／歐馬克 著、吳瑪麗 繪

－ 初版 . -- 臺北市：三采文化，2024.5
面：14.8*21 公分 －

ISBN：978-626-358-315-3（平裝）

1.CST：職場成功法

494.35   113002412

suncolor 三采文化

Mind Map 266

親愛的馬克瑪麗 2
Re: 上班難、做人更難，我該怎麼辦？

作者｜歐馬克　　繪者｜吳瑪麗
編輯四部 總編輯｜王曉雯　執行編輯｜戴傳欣　文字編輯｜曾詠蓁
美術主編｜藍秀婷　美術編輯｜方曉君　內頁編排｜曾瓊慧　校對｜黃薇霓
行銷協理｜張育珊　行銷副理｜周傳雅

發行人｜張輝明　總編輯長｜曾雅青　發行所｜三采文化股份有限公司
地址｜台北市內湖區瑞光路 513 巷 33 號 8 樓
傳訊｜TEL: (02) 8797-1234　FAX: (02) 8797-1688　網址｜www.suncolor.com.tw
郵政劃撥｜帳號：14319060　戶名：三采文化股份有限公司
本版發行｜2024 年 5 月 1 日　定價｜NT$420